EXTRAIT DE L'ADANSONIA, RECUEIL D'OBSERVATIONS BOTANIQUES.
Livraison d'Août 1865.

ÉTUDES SUR L'HERBIER DU GABON

DU MUSÉE DES COLONIES FRANÇAISES

Par H. BAILLON.

Parmi tant d'autres richesses amassées à grands frais par son zélé directeur, M. Aubry-Lecomte, le Musée des Colonies françaises possède un herbier dont le volume est encore peu considérable, mais dont l'importance est déjà grande, aussi bien pour la botanique scientifique que pour les applications pratiques. C'est cette petite collection que nous nous proposons d'étudier avec quelque détail, en commençant par l'analyse des plantes les plus remarquables recueillies dernièrement dans nos établissements du Gabon. Elles sont principalement dues à M. Griffon du Bellay, chirurgien de la marine impériale; et il ne sera sans doute pas sans intérêt de comparer les espèces recueillies par cet infatigable savant avec celles qu'a récoltées, à peu près dans les mêmes localités, le P. Duparquet dont les doubles ont été déposés dans l'herbier du Muséum; en même temps qu'avec les échantillons du voyage de Mann que la France doit à la libéralité du Musée de Kew. Quelques types importants provenant des dernières collections d'Heudelot, et qui n'ont pu être mentionnés dans le *Floræ Senegambiæ Tentamen* de MM. A. Richard, Guillemin et Perrottet, trouveront également place dans cette étude, comme méritant d'être ajoutés aux végétaux déjà si nombreux et si remarquables décrits dès 1804 par Palisot de Beauvois, dans sa *Flore d'Oware et de Benin*, et en 1849 par les auteurs du *Niger Flora*. Nous n'insisterons pas d'ailleurs sur les plantes dont l'organisation, les propriétés économiques ou médicinales et la distribution géographique sont depuis longtemps entièrement connues.

Dilléniacées. — L'herbier du Gabon ne renferme point de Renonculacées, quoique certaines Clématites paraissent abondantes dans les régions voisines. Les Dilléniacées n'y sont représentées que par le *Tetracera senegalensis* DC. (Perr. et Guill., *Tent. Fl. Seneg.*, 2), qui a la feuille franchement obovée dans l'échantillon de M. Duparquet (n. 1), et qui, d'après M. Griffon du Bellay (n. 243), est une plante abondante « sur le bord des eaux, parmi les Palétuviers. »

Anonacées. — L'herbier ne contient jusqu'ici que deux *Anona* proprement dits. L'un est l'*A. squamosa* L., qu'Auguste de Saint-Hilaire considère comme étant d'origine asiatique et qui se retrouve au Gabon (D., n. 6), où il aurait été introduit, de même que dans presque toutes les régions tropicales des deux mondes. Les auteurs de la *Flore du Niger* (204, n. 2) l'ont aussi indiqué comme croissant dans les pays dont ils parlent. Ils citent également (n. 4) la seconde espèce récoltée au Gabon par M. Duparquet (n. 4), qui la désigne sous le nom de Corossolier du Gabon, et que Vogel a trouvée au Grand-Bassam. C'est l'*A. palustris* L., plante qui probablement est venue des Indes occidentales et dont le fruit est mangé par les habitants.

On devait s'attendre à voir figurer dans ces collections (G., n. 3.; D., n. 7) le Poivre de Guinée, ou Graine de *Zelim* ou d'*Azolim* des anciens commerçants français, qui sert au Gabon, comme dans toutes ces contrées africaines, sous le nom d'*Ogana*. La synonymie très-compliquée de cette espèce est la suivante : *Xylopia æthiopica* A. Rich., Fl. cub., 53, not. — *Unona æthiopica* Dun., Anon., 113. — *Uvaria æthiopica* Guill. et Perr., Tent. fl. sen., 9. — *Habzelia æthiopica* A. DC., Mém. Anon., 31, n. 1. — *Piper æthiopicum* Matth., Comm., I, 434. — *P. nigrorum Serapioni* C. Bauh. — *Habzeli* Bauh., Pin., 412. C'est le fruit de cette plante qui paraît implanté sur un rameau de *Monodora* ou du *Xylopia undulata* de la *Flore d'Oware et Benin* de Palisot de Beauvois (I, t. XVI, 5).

Le *Monodora grandiflora*, tel que M. Bentham le décrit et le représente, dans les *Transactions de la Société Linnéenne* (XXIII, 474, t. lii, liii), et qui probablement ne devra pas être distingué spécifiquement du *M. Myristica* de Dunal (*Anon.*, 80), existe aussi, à l'état de fruit mûr, dans l'herbier du Gabon. Il est probable que notre commerce pourrait tirer parti de ses graines aromatiques, considérées dans les colonies anglaises comme succédanées de la Muscade, et vulgairement connues sous le nom de *Calabash nutmeg.* La présence toute spontanée de ce fruit au Gabon semble être une preuve de plus de la justesse de l'opinion émise autrefois par R. Brown, que cette plante économique a été importée d'Afrique en Amérique par les nègres vendus en Guinée et achetés dans le nouveau monde. Mais ce qu'il y a de plus important dans ce genre, au point de vue des principes de la taxonomie, c'est son mode de placentation. Quand on sait combien ce caractère a de valeur en général pour la classification, on comprend difficilement d'abord que le *Monodora*, avec son ovaire uniloculaire, à parois chargées d'ovules, puisse être réuni aux autres Anonacées dont les carpelles sont indépendants les uns des autres, avec des placentas situés dans l'angle interne. C'est pour avoir accordé à ce caractère de la placentation une valeur absolue, que plusieurs auteurs ont séparé le *Monodora* des Anonacées, et l'ont placé auprès des Bixacées. Mais comme, par le périanthe, l'androcée, la graine, l'albumen, le port, c'est-à-dire par presque tous les points, le *Monodora* se confond avec les Anonacées, il faut nécessairement sacrifier ici un caractère, fût-il même d'une valeur considérable, pour se conformer aux principes fondamentaux des méthodes dites naturelles. Il est donc à croire que le *Monodora* demeurera désormais fixé dans cette famille. Il y sera à peu près par le gynécée ce que sont les *Reseda* aux *Astrocarpus;* ce que sont les Saxifragées nettement pariétales aux Cunoniacées dialycarpellées, etc. Mais on ne peut s'empêcher de penser, en même temps, que les *Monodora* sont exactement aux Anonacées dialycarpellées ce que les Pavots sont aux Renoncules ; et l'on n'est pas sans raison effrayé de ce que pourrait devenir la classification naturelle, si l'on s'avisait, un jour ou l'autre, de la rendre toujours parfaitement comparable à elle-même.

M. Duparquet a recueilli au Gabon (n. 2) une autre Anonacée

à carpelles indépendants, que Barter avait autrefois trouvée à Eppah sur le Niger, et que M. Mann a rencontrée de nouveau, en 1861, sur les bords de la rivière Bagroo (n. 828). M. Bentham l'a rapportée au genre *Oxymitra*, sous le nom d'*O. patens* (*Lin. Trans.*, XXIII, 472, n. 4, t. LI). Dans les carpelles, qui sont au nombre de sept à dix, on observe deux ovules ascendants à micropyle extérieur et inférieur. Tous les caractères de l'échantillon du P. Duparquet nous paraissent identiques avec ceux des plantes de l'herbier de Kew ; et cependant nous avions cru devoir établir ici une espèce particulière, attendu que nous n'avions pas observé la cloison verticale qui est représentée dans la planche dessinée par M. Fitch. Mais n'ayant pu voir cette cloison autrement que transversale sur les fleurs adultes de l'échantillon même de M. Mann, nous avons lieu de penser que la croyance à sa direction verticale tient à une illusion ou à une anomalie dans les carpelles observés. Le fruit mûr existe d'ailleurs dans l'échantillon du P. Duparquet : c'est une baie à deux graines, avec une cloison horizontale répondant à un étranglement situé au milieu de la hauteur de la baie et séparant l'une de l'autre deux graines globuleuses à albumen profondément ruminé et divisé par des saillies aciculaires émanées de la périphérie. La graine est extérieurement recouverte de saillies coniques qui se reproduisent sur le péricarpe sec. Le parfum très-intense de ce fruit est exactement celui de la Muscade ; il pourra probablement s'employer aux mêmes usages.

Ménispermées. — Cette famille comprend des types réguliers et d'autres à fleurs femelles très-irrégulières, comme le *Cissampelos*. La seule plante à fleurs des deux sexes régulières qui se rencontre dans l'herbier est le *Jateorhiza strigosa* Miers (voy. *Ann. of Nat. Hist.*, ser. 2, VII, 38, et *Niger Flora*, 213, t. 28). Cette plante n'est probablement pas rare ; elle a été recueillie, et par M. Griffon du Bellay (n. 95), et par M. Duparquet (n. 9), par ce dernier surtout, dans un état assez peu avancé pour qu'on y puisse constater que les sépales sont imbriqués avant l'apparition de l'androcée, et que les trois pétales qui sont superposés aux sépales extérieurs naissent plus tôt que ceux qui appartiennent à l'autre verticille. A l'âge adulte, ces pétales ne sont pas réellement plans, mais ils forment une sorte de capuchon allongé dont les bords se rapprochent l'un de l'autre pour envelopper le staminode correspondant, qui adhère au pétale et se présente sous forme d'une languette charnue atténuée à son sommet. Les trois carpelles, superposés aux sépales extérieurs, ont un style qui se termine par une lame aplatie, découpée en trois dents et réfléchie à angle droit sur le reste du carpelle, de manière à devenir à peu près horizontale. Il y a certainement d'abord deux ovules dans chaque ovaire; mais celui d'entre eux qui avorte est d'ordinaire tout à fait invisible à l'état adulte. L'autre est suspendu, avec le micropyle tourné en haut et en dehors. C'est véritablement un ovule hémitrope, car le raphé ne s'étend que de la base de l'ovule jusqu'au milieu de son bord interne; et il est remplacé, jusqu'au niveau du micropyle, par le funicule, qu'on ne peut mieux comparer ici qu'au raphé devenu indépendant. Le fruit est remarquable par les aiguillons dont il est extérieurement recouvert. On sait qu'il présente la même particularité que celui des *Chasmanthera;* c'est-à-dire qu'une portion de sa face interne fait saillie dans l'intérieur de sa loge. Sur cette saillie se trouve la graine; de façon qu'il y a bien peu de différences entre les *Chasmanthera* et les *Jateorhiza*, en dehors des caractères que présente au premier abord leur androcée. Les étamines du *Jateorhiza* sont, dans un bouton non épanoui, libres dans presque toute leur étendue. Ce n'est que tout à fait en bas que les filets constituent un tube commun très-court. Mais ce tube s'allonge comme par une sorte de soulèvement vers l'époque de l'épanouissement des fleurs. D'autre part le *Chasmanthera* n'a pas ses filets entièrement libres, comme on les décrit d'ordinaire; mais ils sont aussi monadelphes à la base. Il en résulte que dans le *Jateorhiza strigosa* la monadelphie s'étend plus haut et se prononce davantage avec l'âge; phénomène qui ne nous permet guère de considérer que comme appartenant à une section distincte ce *Jateorhiza* que nous proposons de faire rentrer dans le genre *Chasmanthera*. Dans l'un comme dans l'autre, il faut ajouter que les inflorescences, au lieu d'être toujours dans l'aisselle même de la feuille, sont soulevées plus ou moins haut sur le rameau qui les porte.

Quant à la forme si singulière que constitue le genre *Cissampelos*, elle est représentée par le *C. Pareira* L., ou du moins par une de ses formes décrite dans le *Floræ Senegambiæ Tentamen* (p. 11) sous le nom de *C. mucronata* A. Rich., rapportée avec raison par MM. Hooker et Thomson au *C. tomentosa* DC., qui n'est lui-même qu'une forme du *C. Pareira*. Le Gabon pourrait donc fournir à la médecine de cette écorce de *Pareira brava* dont les propriétés toniques et diurétiques ne sont contestées par personne. Sur l'échantillon femelle rapporté par M. Duparquet (n. 10), nous avons d'une part constaté la superposition exacte du sépale, du pétale et du placenta. Des trois branches du style, deux sont tournées du côté de ce placenta. Les ovules qu'il porte sont au nombre d'un ou deux; et l'ovaire est articulé à sa base, au-dessus de ce qu'on appelle le pétale. Il y aura lieu ultérieurement de rechercher la véritable nature de cet organe, et de discuter en même temps la signification de ces fleurs singulières du *Cissampelos*, qui pourraient bien ne représenter chacune qu'une portion d'une fleur polycarpellée, soulevée sur une division pédonculiforme d'un réceptacle floral commun. Il est probable que tôt ou tard on reproduira, à propos de ce genre singulier, les discussions auxquelles a donné lieu l'interprétation de la fleur des Euphorbes et des *Anthostema* (1).

(1) L'organisation de l'inflorescence de ce curieux genre est mieux démontrée que jamais par une troisième espèce qui croît au Gabon, où M. Aubry-Lecomte l'a recueillie le premier en 1853, et que nous appellerons *A. Aubryanum*. C'est l'*Ochongo* des indigènes, plante à feuilles alternes très-courtement pétiolées, arrondies à la base, oblongues, acuminées, très-entières et très-glabres, à nervures pennées presque transversales. Ses inflorescences sont presque sessiles et toujours axillaires. MM. Mann (n. 1122) et Duparquet (n. 165) ont, depuis, retrouvé cette espèce, l'un à Prince's-Island, l'autre au Gabon. Ce sera vraisemblablement le plus énergique des purgatifs végétaux connus.

Légumineuses. — Cette famille est ici, comme à peu près partout, très-richement représentée et abondante en substances utiles dont malheureusement l'origine ne nous est pas toujours nettement connue. Elle présente quelques types magnifiques au point de vue de l'organisation et de la beauté des fleurs, principalement dans les genres qui appartiennent à ce groupe si curieux dont l'*Anthonota* de Palisot de Beauvois est comme le centre.

Malgré le peu d'éclat de ses fleurs petites et nombreuses, le nouveau genre que nous dédions au contre-amiral baron Didelot (1), n'est pas un des moins remarquables, attendu qu'il reproduit, en l'exagérant encore, cet appauvrissement du périanthe qu'on observe dans les Caroubiers. Qu'on se figure un ovaire de Légumineuse, avec des ovules sur deux séries et en nombre indéfini, surmonté d'un style légèrement excentrique, et inséré par un pied court au fond d'une coupe réceptaculaire peu profonde, tapissée d'un disque périgyne glanduleux, en dehors duquel s'insèrent cinq étamines libres et très-longues, repliées sur elles-mêmes avant l'épanouissement, et portant chacune une anthère biloculaire

(1) Didelotia, *nov. gen.* Flores hermaphroditi subnudi; perianthio subnullo; bracteolis lateralibus cum pedicello elevatis obovatis concavis integerrimis in alabastro valvatis florem arcte involventibus. Stamina 5 perigyna receptaculi parce concavi margine circa discum brevem crassum inserta; filamentis mox elongatis exsertis in alabastro inflexis; antheris 2-locularibus introrsis longitudine rimosis demum nutantibus. Petala? rudimentaria cum staminibus alternantia 5 membranacea glabra tenuia subulata post anthesin accrescentia basi cum squamulis totidem staminibus exterioribus eisque oppositis brevissimis concaviusculis calycis locum tenentibus coalita. Germen brevissime stipitatum uniloculare e folio unico bracteæ florali anteposito constans, in stylum excentricum lineari-subulatum apice attenuatum; stigmate obsoleto obtuso. Ovula in placenta posteriori 2-seriata numero indefinata horizontalia v. obliqua descendentia raphe inter se contigua. Fructus?... Folia alterna stipulacea brevissime petiolata 2-foliolata bijuga; foliolis invicem symetricis basi extus rotundatis subauriculatis intus cuneatis apice acutis integerrimis glaberrimis subcoriaceis penninerviis (12 cent. longis, 5 cent. latis); petiolo supra concavo glaberrimo (5-8 mill. longo). Flores in supremis ramulis racemosi; racemis cylindraceis ovatisve alterne in racemum unum gracilem (20 cent. longum) terminalem congestis basi unibracteatis: bracteis et alternis pulvinatis onustis; bractea uniflora; bracteolis lateralibus perianthii locum, ut supra dictum, tenentibus demum deciduis. — Species hucusque unica, scil. *D. africana*, a cl. *Griffon du Bellay* (exs., n. 235) in Gabonia lecta. — Dicitur in hon. clariss. navarchi *Didelot*, cujus sub auspiciis res herbariæ apud Musæum Coloniarum gallicarum primum viguerunt.

et introrse. Outre le pistil et l'androcée, on ne verrait donc, dans cette fleur, autre chose qu'une dilatation du sommet du pédicelle, portant les organes sexuels, si le périanthe très-rudimentaire qui se trouve en dehors ne grandissait avec l'âge, et ne montrait bientôt cinq petites languettes aiguës, très-étroites (colorées en violet) et qui représentent probablement un rudiment de corolle. A leur base, ces languettes s'épanchent en une sorte d'anneau court qui encadre le pourtour du disque et qui se confond presque complétement avec cinq petites écailles très-obtuses situées en dehors du pied de chaque étamine et dans lesquelles nous ne savons s'il faut voir de petits sépales rudimentaires ou de légères saillies du pourtour du disque lui-même. Dans une pareille fleur, les organes sexuels seraient donc tout à fait dépourvus, au premier âge, d'enveloppes protectrices, si les deux bractéoles latérales de la fleur, au lieu d'occuper la base du pédicelle, de même que sa bractée mère, n'étaient soulevées jusqu'à la fleur elle-même, et, formant deux cuillerons concaves qui se rapprochent par leurs bords, ne venaient envelopper complétement le bouton dans une sorte de poche piriforme qu'on prend au premier abord pour le calice.

Que maintenant on réunisse un grand nombre de ces petites fleurs en grappes alternes échelonnées sur les côtés des rameaux grêles et terminaux d'un arbre dont les feuilles bijuguées sont tout à fait celles de l'*Hymenæa Courbaril*, et l'on aura une idée générale de ce singulier genre *Didelotia*, dont les fleurs, presque complétement dépourvues de périanthe, en empruntent un aux organes voisins.

EXPLICATION DES FIGURES.

PLANCHE VIII.

FIG. 1. Rameau fleuri de *Didelotia africana*.

FIG. 2. Une fleur à l'aisselle de la bractée, sur une portion de la grappe. Les deux bractées latérales qui la protégeaient commencent à s'écarter pour la laisser sortir.

FIG. 3. Fleur entière épanouie, grossie. Les deux bractées latérales, insérées sous la fleur, se sont réfléchies sur le sommet du pédicelle.

FIG. 4. Coupe longitudinale de la même fleur.

FIG. 5. Diagramme floral. En bas, la bractée mère; sur les côtés, les deux bractées latérales jouant le rôle de périanthe.

(*Sera continué.*)

Didelotia africana

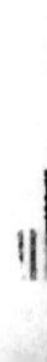

ÉTUDES SUR L'HERBIER DU GABON

DU MUSÉE DES COLONIES FRANÇAISES.

(Suite.)

Le *Didelotia* étant considéré comme une Cæsalpiniée dont l'androcée est formé de cinq étamines fertiles égales et dont le périanthe est rudimentaire, il est facile de voir que les *Vouapa* d'Aublet, dont les organes de végétation sont les mêmes, en diffèrent surtout par deux caractères. La corolle ne disparaît que d'un côté de la fleur, et l'androcée ne se développe aussi que d'un côté. C'est un pétale seulement, l'étendart, qui atteint de grandes dimensions, tandis que les quatre autres pétales avortent complétement, ou ne sont représentés que par de petits moignons rudimentaires. Les deux étamines qui répondent aux côtés de ce grand pétale sont précisément celles qui avortent, et les trois autres étamines alternipétales deviennent grandes et fertiles comme celles du *Didelotia*.

Les mêmes caractères se retrouvent dans l'*Anthonota*, genre très-caractéristique de la végétation des contrées tropicales de l'Afrique, et qui paraît d'abord facile à distinguer des *Vouapa*, quand on n'étudie que l'espèce type de Palisot de Beauvois, l'*A. macrophylla* (*Flor. Owar. et Ben.*, I, 70, t. 42), attendu que, malgré leur petitesse, toutes les pièces de la corolle et de l'androcée peuvent exister dans cette espèce. L'*A. macrophylla* a en effet cinq pétales et quelquefois dix étamines, quoique le nombre ordinaire de ces dernières y soit seulement de neuf. Mais entre cette espèce et les *Vouapa* de l'Amérique tropicale, il y a d'autres espèces intermédiaires où un plus grand nombre de pièces de l'androcée viennent à manquer. Il y a donc à choisir entre deux alternatives : faire autant de genres, ou à peu près, que l'*Anthonota* présente d'espèces en Afrique ; ou réunir les *Anthonota* aux *Vouapa* à titre de simple section. Il y a même lieu de se demander si les *Humboldtia* à fleurs pentandres ne doivent pas aussi rentrer dans le même genre, car ils en ont le périanthe, le gynécée, les bractées latérales, le réceptacle et l'inflorescence. Ces mêmes *Humboldtia* servent également de transition vers la plante à fleurs décandres et à cinq pétales développés, qui porte, dans les collections de Mann, le n° 726, et dont M. Bentham doit prochainement donner la description. Dans cette plante il n'y a que quatre pétales; c'est-à-dire que l'un d'eux correspond à deux folioles du calice, comme dans les *Anthonota*.

Le *Vouapa macrophylla* peut être conservé comme le type de la section *Anthonota*. Il paraît que cette plante est commune au Gabon, où les indigènes la désignent sous le nom de *O'Kambo*. Elle figure abondamment dans les collections de MM. Duparquet (n. 15) et Griffon du Bellay (n. 14, 47, 299) qui insistent sur l'excellente odeur de pêche que répandent ses fleurs. Dans celles-ci le calice est formé de quatre sépales, dont un double, révèle son origine et sa composition par une petite échancrure qu'il porte à son sommet et par ce fait que le plus grand des pétales lui est superposé. Quant au nombre des autres parties de la fleur, il est insuffisant dans la description de Palisot de Beauvois, et même dans celle de la *Flore du Niger* (p. 328), où on lui accorde : de un à trois pétales, et de trois à huit étamines fertiles. Les pétales sont au nombre de cinq, et les étamines s'élèvent toujours jusqu'à neuf et rarement dix. La dixième étamine, celle qui serait superposée au grand pétale, est, quand elle existe, un simple tubercule stérile. Mais les neuf autres étamines ont une anthère qui peut s'ouvrir suivant sa longueur et contenir du pollen en quantité variable. Quatre des pétales sont fort petits, tandis que l'étendart est énorme et enveloppe dans la préfloraison, non-seulement les organes sexuels, mais encore les sépales latéraux autour desquels s'enroule son limbe involuté. Nous savons que c'est du côté opposé au grand pétale que se trouvent les grandes étamines; elles sont superposées aux trois sépales simples. Les étamines qui répondent aux deux moitiés du sépale double sont ordinairement différentes de toutes les autres par leur anthère dont une loge avorte à peu près complétement, celle qui est tournée vers le bord du grand pétale. Quant aux quatre étamines qui sont superposées aux petits pétales, elles sont les moins développées, mais elles ont souvent l'anthère déhiscente dont nous avons parlé. Le gynécée s'insère, non au fond du réceptacle, mais sur sa paroi, du côté du grand pétale, et c'est également de ce côté que se trouve le placenta.

La plante récoltée sur le rio Nuñez, dans le pays des Landoumas en 1837, par Heudelot, qui porte dans ses collections le n° 753, et qui est probablement une de celles auxquelles il est fait allusion dans le *Niger Flora*, ne me paraît être, malgré quelques différences superficielles, qu'une forme de l'espèce de Palisot de Beauvois. Ses feuilles sont plus membraneuses; leurs nervures sont moins prononcées; les inflorescences et les fleurs sont un peu plus petites dans toutes leurs parties; mais l'organisation florale est tout à fait la même et nous appellerons cette plante *V. macrophylla*, β, *Heudelotiana*.

A la même section se rapporte une autre espèce, recueillie également par Heudelot en 1837, et à laquelle nous donnons le n° 753 *bis*, avec le nom de *Vouapa (Anthonota) crassifolia* (1). Les folioles de ses feuilles, ordinairement au nombre de trois, sont en effet bien plus épaisses et plus coriaces, elliptiques ou obovées; et les inflorescences, naissant sur le bois des rameaux déjà âgés, sont formées d'axes nombreux, contractés, n'atteignant qu'un ou

(1) *A. crassifolia*, n. spec., foliis bijugis; petiolo robusto brevi; foliolis breviter petiolulatis; limbo elliptico rariusve obovato coriaceo crasso integerrimo, supra lævi lucido, subtus opaco; penninervio; costa subtus prominula ad basin incrassata rugosa (ad 13 cent. longo, 9 cent. lato); floribus in ligno annorum præcedentium ortis racemosis; racemis brevibus (1-2 cent.) fasciculatis dense ferrugineo-velutinis; pedicellis brevissimis; calyce 4-partito; laciniis 3 subæqualibus simplicibus; quarta duplici obovata apice truncato emarginata subcordatave; petalis 4 minimis ovatis glaberrimis membranaceis; quinto longe unguiculato 2-alato; staminibus 3 majoribus demum longe exsertis; lateralibus 2 minutis antheriferis; 4 autem sterilibus apice globosis simplicibus glandulæformibus; ovario villosulo 4-ovulato; stylo involuto longiusculo apice stigmatoso capitato; fructu (immaturo) inæquali-obovato apice obtuso compressiusculo oblique sulcato undique ferrugineo-velutino. — Oritur in Senegambia, ubi ann. 1837 legit *Heudelot* (exs., n. 753 *bis*).

deux centimètres de longueur et recouverts d'un duvet velouté ferrugineux. Quant aux fleurs, elle n'ont que quatre sépales au calice, le plus grand d'entre eux présentant la forme d'un cœur, avec une échancrure arrondie au sommet, pour indiquer sa double origine. Le grand pétale est semblable à celui de l'espèce précédente, et les quatre petits ont la forme d'écailles ovales et membraneuses. Il y a aussi trois grandes étamines à anthères fertiles. Les petites sont ordinairement au nombre de quatre. Deux d'entre elles, placées sur les côtés, ont une anthère biloculaire didyme; les deux autres n'ont à leur sommet qu'un petit renflement glanduleux et globuleux. Les bractéoles latérales qui enveloppent totalement le bouton sont de forme ovale, et non obovales comme dans l'espèce précédente.

Une plante curieuse serait celle qui, avec l'organisation générale des *Vouapa* africains, présenterait un calice de cinq sépales à peu près égaux entre eux et pourrait former dans le genre une section spéciale (***Pentisomeris***). Cette plante existe au Gabon, où elle a été rencontrée par M. Griffon du Bellay (n. 299) et par M. Duparquet (n. 16). Nous la nommerons *V. demonstrans* (1). C'est un arbuste sarmenteux dont les feuilles sont presque sessiles

(1) *Vouapa (Pentisomeris) demonstrans*, n. spec. Frutex sarmentosus (fide cl. *Griffon du Bellay*), ramis robustis rugosis striatis. Folia robusta paripinnata trijuga; petiolo brevissimo crasso rugoso; foliolis (ad 20 cent. longis, 8 cent. lat.) oblongis apice breviter acuminatis basi inæquali-rotundatis extus subauriculatis integris coriaceis crassis supra lævibus lucidis subtus opacis ferrugineis penninerviis venosis; costa venisque subtus valde prominulis; nervis secundariis margini paralleliter inter se osculatis. Racemi axillares (ad 15 cent. longi) ramosi basi bracteis (stipulis ?) 2 lanceolatis membranaceis glabris (2 cent. longis, $\frac{1}{2}$ cent. latis) involucrati. Bracteolæ florum laterales ovato-lanceolati coriacei crassi ferrugineo-puberuli. Calycis laciniæ 5 subæquales oblongo-acutæ membranaceæ glabræ, petalis 4 minoribus paulo longioribus conformes; petalo quinto maximo longe crasseque unguiculato; limbo 2-lobo late membranaceo in alabastro involuto sepalaque 3 involvente. Stamina fertilia 3; filamentis demum longe exsertis in alabastro inflexis; antheris ovatis 2-locularibus rimosis; staminodiis glandulæformibus 2-4 vix conspicuis obsoletisve. Germen ferrugineo-villosulum 4-ovulatum breviter stipitatum; ovulis oblique descendentibus; stylo bis involuto gracili glabro apice capitellato stigmatoso. — Crescit in Gabonia ubi legerunt cl. *Duparquet* (n. 16) et *Griffon du Bellay* (cat. 4 (1864), n. 299).

et à six folioles oblongues-acuminées, épaisses, coriaces, glabres, avec un rachis vigoureux et noueux à sa base. Les fleurs naissent à l'aisselle des feuilles, sur le vieux bois, et sont disposées en grappes ramifiées qu'accompagnent à leur base deux bractées lancéolées et rigides, analogues aux deux bractéoles latérales qui enveloppent chaque fleur dans le bouton, mais glabres et moins épaisses. Les bractéoles au contraire sont coriaces et recouvertes d'un duvet ferrugineux. Les folioles calicinales ne sont pas toutes visibles dans le bouton. Trois d'entre elles sont enveloppées par le limbe énorme et involuté du grand pétale. Les deux seuls sépales que l'on aperçoive au dehors sont précisément ceux qui, indépendants ici, sont réunis en une seule pièce dans les autres *Anthonota*. Tous sont des languettes oblongues, aiguës, glabres, membraneuses, et telle est aussi la forme des quatre petits pétales qui dépassent à peine le calice. Quant à l'androcée, il est ici d'autant moins développé que le périanthe l'est davantage. Les trois grandes étamines ont seules pris tout leur accroissement. Les autres, comme dans les *Vouapa* américains, sont invisibles ou représentées par de très-courts mamelons sans anthères. L'ovaire renferme quatre ovules, et le style à tête stigmatifère légèrement renflée, s'enroule deux fois sur lui-même dans le bouton.

On peut encore établir dans le même genre une section intermédiaire aux deux précédentes, dans lesquelles les pétales se comportent de telle façon qu'il n'y en a plus que deux petits avec la forme de courtes languettes écailleuses. Les trois autres sont à peu près égaux entre eux ; ce qui s'obtient par la grande diminution de longueur du pétale auquel le placenta est superposé, en même temps que les deux pétales latéraux deviennent larges, membraneux, colorés et à peu près égaux au premier dont ils ne diffèrent plus que par leur forme légèrement insymétrique. C'est à cause de cette égalité des trois pétales que nous proposons d'appeler cette section *Triplisomeris*. Le type en sera le *V. explicans* (1), plante

(1) *V.* (*Triplisomeris*) *explicans*, n. spec. Frutex sarmentosus (4-5-metralis. fide *Heudelot*), ramis gracilibus teretibus striatis (griseis). Folia alterna breviter

recueillie par Heudelot en 1837, sous le n° 738, et qui croît dans les lieux secs de Fouta-Dhiallon. C'est un arbuste sarmenteux à rameaux grêles et à feuilles paripennées, dont les folioles glabres et membraneuses sont elliptiques-acuminées, et dont les fleurs sont disposées en petites grappes alternes sur toute la longueur d'un grand axe grêle atteignant jusqu'à près d'un demi-mètre d'étendue, et pendant verticalement vers le sol. Les petites grappes n'ont guère que 1 ou 2 centimètres de longueur et sont couvertes à leur base de petites cicatrices laissées par les fleurs qui tombent à mesure qu'elles se sont flétries. Leur bouton est piriforme, et leur calice très-glabre n'a que quatre folioles dont une, échancrée au sommet, représente deux sépales. Les trois grands pétales sont à peine plus longs que le calice et les bractéoles latérales. Les deux petits pétales sont aplatis et squamiformes. Il y a trois grandes étamines, comme dans tous les *Anthonota*, plus six ou sept petites qui se présentent sous forme de languettes filiformes subulées, ou capitées, mais sans anthère fertile à leur extrémité. L'ovaire est porté par un pied court et renferme quatre ou cinq ovules. Le style enroulé dans le bouton du côté de la concavité du réceptacle est, dans cette espèce, très-court, relativement à la longueur de l'ovaire.

petiolata; petiolo basi incrassata nodoso rugoso; foliolis 2 v. rarius 3-jugis elliptico-acuminatis (ad 12 cent. longis, 5 cent. latis) basi rotundatis integerrimis membranaceis glaberrimis, supra lucidis (latæ virescentibus), subtus opacis ferrugineis; penninerviis reticulatis; costa nervisque subtus valde prominulis; petiolulis basi articulatis robustis brevibus (2-3 mill.) rugosis nodosis. Flores longe racemosi; racemo gracili nutanti perlongo (25-45 cent.); racemulis parvis in axi remote alternis (1-2 cent. longis) basi florum occasorum cicatricibus notatis. Bracteolæ florum laterales obovatæ concavæ coriaceæ. Calycis sepala 3 minora; quarto autem duplici apice obtuso emarginato v. breviter fisso. Petala majora 3; scilicet mediante uno cordato paulo breviori, lateralibusque 2 paulo longioribus membranaceis insymetricis coloratis (rubris, fide *Heudelot*) calyce bracteolisque paulo longioribus; reliquis 2 brevissimis squamæformibus glaberrimis. Stamina fertilia 3 in alabastro inflexa demum longe exserta; sterilia autem 6, 7 aut subulata aut apice capitato glandulæformia nec antherifera. Germen 4-5-ovulatum; stylo involuto brevi apice truncato. Legumen (immaturum) complanatum crassum ad medium inter semina 2 (immatura) coarctatum in sicco oblique rugosum striatum undique ferrugineo-villosulum. — Crescit in siccis, ad Fouta-Dhiallon Senegambiæ, ubi legit *Heudelot* (exs., n. 738), anno 1837.

Le fruit présente aussi cette particularité qu'il porte un etranglement vers le milieu de sa hauteur. Il est d'ailleurs aplati, rigide, recouvert d'une villosité brunâtre abondante et parcouru à l'état sec par un grand nombre de rides obliques.

Quoique le genre *Afzelia* ne soit pas représenté dans les collections faites au Gabon, il est impossible de ne pas parler de ce genre à propos des *Anthonota*, car leurs affinités sont extrêmement étroites et il n'y a guère de caractère bien important qui les sépare l'un de l'autre. On ne peut guère en effet tenir compte de l'absence dans les *Afzelia* des quatre pétales qui sont rudimentaires dans la plupart des *Anthonota*, car ces pétales n'existent pas davantage dans les *Vouapa* américains. D'ailleurs le grand pétale a la même forme et le même mode de préfloraison dans les *Afzelia* que dans les autres types. On ne peut non plus tenir compte du nombre absolu d'étamines qu'on observe dans les *Afzelia*, car si l'*A. africana* Sm. n'a que sept étamines fertiles, sans staminodes, l'*A. bracteata* Vog., a en outre deux grands staminodes filiformes et subulés. Quant à la situation de ces différentes pièces de l'androcée, elle est facile à constater dans la fleur de l'*A. bracteata*. Il n'y a pas d'étamine superposée au grand pétale. Les deux staminodes sont superposés au sépale double qui occupe le côté postérieur de la fleur. Une grande étamine fertile est superposée au sépale antérieur, et deux autres, à peu près égales, chacune à un sépale latéral. Restent quatre étamines, fertiles, mais plus petites que les précédentes, et qui seraient superposées aux quatre petits pétales s'ils existaient. Cette taille relative et cette position des étamines fertiles est donc tout à fait ce qu'on observe dans l'*Anthonota macrophylla*. Seulement les deux étamines à anthère uniloculaire de ce dernier manquent dans l'*A. africana* et sont stériles dans l'*A. bracteata*. Il n'y aurait donc pas là de motif suffisant pour distinguer génériquement les *Afzelia* des *Vouapa*. Mais dans les premiers, il faut noter que les bractées latérales sont amincies sur les bords et non valvaires avant l'anthèse, mais imbriquées. En attendant qu'on puisse savoir si les graines mûres des *Anthonota* sont pourvues de cette production arillaire colorée et semblable à de la cire qu'on remarque à la base de celles des *Afzelia*, il n'y aura donc d'autre caractère générique suffisant pour séparer ces derniers, que cette préfloraison des bractées, leur petite taille relativement à celle du bouton et l'éruption précoce de celui-ci hors de ces enveloppes supplémentaires (voy. *Niger Flora*, 326). Heudelot a trouvé l'*A. bracteata* en Sénégambie (n. 882), en 1837, parmi les roches, au bord des eaux vives du Fouta-Dhiallon. C'est, nous apprend-il, un arbre de 4 à 5 mètres de hauteur, à rameaux pendants et à fleurs écarlates qui paraissent au mois de mai. M. Mann a recueilli cette espèce sur la rivière Bagroo (n. 890), et il y a longtemps que M. Forbes l'avait observée, dans le golfe de Delagoa, car elle figure depuis 1822, sous les n°s 86 et 98 dans l'herbier de la Société d'horticulture de Londres. Quant à l'*A. africana*, qui originairement fut observé à Sierra-Leone, Barter l'a retrouvé à Nupe (n. 1218); M. Perrottet l'a rapporté en 1833, de la Sénégambie, et Heudelot l'a récolté, en 1837, sur les bords du Rio Nuñez (n. 767). Il le signale comme un arbre de 10 à 12 mètres, qui porte en mars et avril des fleurs très-odorantes.

Le genre *Berlinia* de Solander paraît pouvoir être conservé comme distinct, malgré ses nombreuses analogies avec les *Afzelia* et les *Vouapa* de la section *Anthonota*. Des derniers il possède, comme l'ont déjà fait remarquer les auteurs du *Niger Flora* (328), les bractées latérales coriaces, épaisses et valvaires, renfermant longtemps le jeune bouton; de l'un et de l'autre il a le calice et le grand pétale bilobé. Mais il diffère de tous deux en ce que ses étamines sont au nombre de dix, toutes fertiles, superposées, cinq aux sépales, et cinq aux pétales; et des *Afzelia*, en ce qu'il possède les quatre petits pétales des *Anthonota*. M. Mann a même rapporté (n° 1842) une plante dont M. Bentham nous donnera bientôt sans doute la description, et dans laquelle l'androcée étant tout à fait celui des *Berlinia*, les quatre pétales pairs grandissent au point d'égaler presque celui auquel est superposé le placenta, en même temps que, comme dans le *Vouapa demonstrans*, le calice présente cinq divisions imbriquées. Ou cette plante formera un genre distinct, ou, ce qui nous paraît plus logique, elle constituera une section remarquable dans le genre *Berlinia* dont elle montrera toutes les analogies avec les *Amherstia*, *Schotia*, etc.

Quant aux *Berlinia* proprement dits, à pétales latéraux de petite taille, ils ne sont représentés dans les collections du Gabon que par une seule espèce, le *B. acuminata* de Solander. M. Griffon du Bellay nous a rapporté qu'au milieu des forêts du Gabon, il reconnaissait la présence de cette plante, sans la voir, à la délicieuse odeur de ses fleurs. M. Duparquet (n° 20) a été frappé de l'épaisseur et des grandes dimensions de son fruit dont la terre est souvent jonchée au pied des arbres, et qui ressemble, dit-il, à une forte semelle.

Dans l'herbier d'Heudelot se trouve une autre espèce de *Berlinia* qu'au premier abord nous avions cru n'être qu'une forme du *B. acuminata*, plus petite dans toutes ses parties et à inflorescences beaucoup plus ramifiées. Mais en examinant de près ses fleurs qui n'ont guère que la moitié de celles du *B. acuminata*, nous avons vu qu'elles présentaient dans leur organisation des différences très-nettes. Leur style, très-court par rapport à la hauteur de l'ovaire adulte, ne peut que s'enrouler en une crosse brève et arrondie. Celui du *B. acuminata* est au contraire plus long que l'ovaire lui-même, ce qui lui permet de se replier deux fois parallèlement à lui-même. Dans le *B. acuminata*, les pétales latéraux sont étroits, allongés, spatulés ou dolabriformes, avec une portion supérieure fort étirée relativement à la base qui est à peine auriculée ; tandis que, dans la plante d'Heudelot, ces mêmes pétales sont presque cordiformes, fortement auriculés à la base, avec une portion apicale courte, irrégulièrement ovale et très-petite relativement à la portion basilaire. Nous désignons donc sous le nom de *B. Heudelotiana* l'espèce qu'Heudelot (n° 886) a récoltée en 1837, pres de Bangalan, dans le haut Pongos. C'est, suivant lui, un arbre élevé de vingt à trente pieds, à rameaux pendants et à fleurs blanches d'une odeur très-suave, qui paraissent au mois de mai (1).

Il est un autre type qui semble se rattacher à la fois à la plante de M. Mann (n° 1842) et aux *Berlinia* vrais, et dont la valeur générique me paraît au moins contestable, c'est le *Daniella thurifera* Benn., qui figure aussi dans les collections de Mann (n° 166, 2074), et qu'Heudelot (n° 164, 364), signale comme une plante commune au Fouta-Dhiallon, dans les plaines de Woulli, où les habitants le nomment *Thiévi.* Avec le port et le feuillage des *Berlinia* et des *Afzelia*, le *Daniella* a des fleurs à androcée décandre, toutes les étamines étant fertiles et infléchies dans le bouton. Le calice a quatre sépales imbriqués, dont un plus grand auquel est superposé un pétale. Ce dernier est très-variable comme taille et comme forme, et il paraît souvent exister seul à l'état adulte. Mais quand on observe de jeunes boutons, on y voit également deux pétales latéraux et deux plus petits pétales qui, d'ordinaire, disparaissent dans la fleur adulte. Quant aux pétales latéraux, ils s'arrêtent de bonne heure dans leur développement, ou présentent dans les fleurs adultes toutes les variations possibles de taille et de consistance. D'ailleurs l'ovaire qui est multiovulé s'insère du côté du pétale le plus grand et le seul constant, c'est-à-dire du sépale double; de sorte que si l'on distingue génériquement le *Daniella*, ce ne peut être que par la constitution si variable de sa corolle. Une note de l'herbier d'Heudelot nous donne au sujet de cette plante des renseignements intéressants que nous transcrivons textuellement. C'est un arbre élevé de 12 à 15 mètres et plus, à tronc cylindrique et droit, de 3 à 4 mètres de hauteur. Son écorce est lisse et cendrée, et ses rameaux droits sont tous égaux en hauteur; ce qui lui donne l'aspect d'un arbre taillé en gobelet. Les feuilles sont blanchâtres en dessous, d'un vert clair en dessus. Les fleurs sont blanches, très-odorantes. Les pétales (?) sont épais et charnus, et laissent suinter une liqueur sucrée dont les abeilles sont avides.

C'est un caractère curieux que celui de l'insertion excentrique du

(1) La collection de M. Mann renferme trois ou quatre autres espèces de *Berlinia* que M. Bentham décrira prochainement.

gynécée dans la plupart des genres qui se groupent autour des *Amherstia* et des *Vouapa*. Le réceptacle floral y a la forme d'un sac ou d'un tube plus ou moins profond ; et c'est à une hauteur variable de cette cavité réceptaculaire que s'insère le style, tantôt près du bord, tantôt plus ou moins près de son fond. Cette insertion est donc la même que dans la plupart des Chrysobalanées. Et comme cependant, le point où se trouve porté le pied de l'ovaire est voisin du sommet organique du réceptacle, il faut bien admettre qu'il y a eu dans ces cas une inégalité de développement des différentes régions du réceptacle. C'est ce que l'observation directe confirme; toutes les fois qu'on peut examiner les fleurs assez jeunes, on voit que l'insertion du gynécée y est centrale ou à peu près. En même temps que ce fait est analogue à celui que présentent ce qu'on a appelé les éperons soudés des *Pelargonium*, des Vochysiées, etc., si l'on remplace par la pensée un réceptacle floral par une cavité ovarienne, on voit que les Légumineuses à insertion centrale du podogyne, répondent aux ovaires à placenta central libre, tandis que les Cæsalpiniées à insertion pistillaire excentrique représentent les gynécées à placentation plus ou moins pariétale. Et l'on peut en conclure que l'essence des placentations, quelque lieu de l'ovaire qu'occupent les trophospermes, est toujours la même, aussi bien que le pistil des Légumineuses est toujours inséré sur une même région organique du réceptacle floral.

Cette insertion pistillaire excentrique caractérise un groupe for naturel de Cæsalpiniées, groupe dont les principaux types son les *Dialium*, *Amherstia*, *Brownea*, *Tamarindus*, *Vouapa*, *Crudya*, *Schotia*, *Afzelia*, *Dibrachion*, *Tachigalia*. Dans tous ces genres il est à remarquer que la paroi du réceptacle où se trouve l'insertion du gynécée est toujours celle qui répond au placenta. L'insertion des ovules se fait donc du côté de la paroi réceptaculaire, tandis que le dos du carpelle répond à la fosse ou au tube plus ou moins profond et en forme d'éperon soudé que présente le réceptacle.

Cette loi, pour être générale, n'est cependant pas constante; et la disposition inverse peut s'observer et servir à caractériser un autre groupe de Légumineuses à insertion pistillaire excentrique. Ce groupe n'est représenté jusqu'ici que par un seul genre africain, l'un des plus beaux qu'ait recueillis M. Griffon du Bellay, et auquel il est trop juste que nous donnions le nom de ce savant collecteur. Le *Griffonia* (1) est vulgairement appelé *Njalissa-Ouango* par les indigènes du Gabon. C'est un arbre dont les fleurs ne ressemblent guère de loin à celles d'une Légumineuse. Avec leur forme tubuleuse et leur éclatante coloration rouge (2) elles rappellent beaucoup celles des *Zauschneria* dont elles ont à peu près la taille, et elles sont réunies en longues grappes terminales. Vues de plus près elles laissent apercevoir un ovaire longuement stipité qui dépasse le périanthe et qui a tout à fait la structure de celui des Légumineuses, avec un placenta pariétal portant ordinai-

(1) GRIFFONIA, *nov. gen.* Flores hermaphroditi; receptaculo regulari tubuloso ad apicem paulisper dilatato, ad faucem perianthium staminaque gerente. Calyx basi gamophyllus brevis, apice 5-dentatus; dentibus subæqualibus sæpius apice obtusiusculis; præfloratione imbricata. Petala libera sessilia subæqualia; præfloratione vexillari; caducissima. Stamina 10, breviora 5 petalis opposita; filamentis erectis liberis; antheris introrsis 2-locularibus longitudine rimosis in alabastro ovario arcte adpressis. Germen longe stipitatum receptaculi tubo lateraliter insertum; placenta ad concavitatem receptaculi, nec, ut plerumque solet, ad perianthium spectante, plerumque 4-ovulata; ovulis oblique descendentibus amphitropis; stylo gracili excentrico vix ad apicem stigmatosum incrassato. Fructus, uti germen, longe exsertus; receptaculo calyceque basi persistentibus; stipite gracili filiformi, eum *Coluteæ arborescentis* (fide *cl. Duparquet* et *Griffon du Bellay*) referentibus, inflato-vesiculosum, pauciovulatum (immaturum), siccitate, uti planta fere tota, nigrescens. — Dicitur in hon. *cl. Griffon du Bellay*, regionis quoad res herbarias ditissimæ indagatoris indefessi. — Species pulchra, scil. *G. physocarpa*, fruticosa (ad 2 met. alta) in sepibus orta, foliis alternis ovato-acutis brevissime ($\frac{1}{2}$ cent.) petiolatis; limbo simplici ovato-acuto, hinc acuminato, inde rarius rotundato emarginatove (ad 10 cent. longo, 5 cent. lato) integerrimo membranaceo penninervio basi 3-nervio venoso reticulato, supra lucido lævi, subtus pallidiori glaberrimo; racemis simplicibus terminalibus. — In Gabonia legerunt *Griffon du Bellay* (n. 346) et *Duparquet* (n. 22), ibique vulgo audit *Njalissa-Ouango*.

(2) Suivant les notes recueillies par M. Griffon du Bellay, le tube réceptaculaire est d'un jaune orangé, avec l'intérieur rouge. Les sépales sont orangés et les pétales qui sont très-caducs, sont de couleur verdâtre. Les feuilles sont d'un vert pâle et lustré à la face supérieure. Il paraît que cette plante est charmante ; elle n'a pas d'usage connu. Nous verrons ultérieurement qu'elle est congénère du *Schotia simplicifolia* de Vahl.

rement quatre ovules obliquement descendants. Le pied grêle de l'ovaire s'insère latéralement, de la façon que nous savons, sur la paroi d'un réceptable tubuleux qui porte à la gorge un périanthe et un androcée à peu près réguliers ; un calice en forme de sac à cinq divisions peu profondes, disposées dans le bouton en préfloraison quinconciale ; cinq pétales presque égaux, dont la préfloraison est vexillaire, et dix étamines à filets libres et à anthères introrses, superposées, cinq aux divisions du calice, et cinq plus courtes aux pétales. Le fruit longuement stipité et sortant du réceptacle floral qui persiste à la base du podogyne, est, d'après MM. Griffon du Bellay et Duparquet, comparable à celui du Baguenaudier par son apparence vésiculeuse. Les graines que nous n'avons pas vues mûres sont, d'après les mêmes observateurs, solitaires ou très-peu nombreuses. Quant aux organes de végétation, le *Griffonia* est un arbuste d'environ 2 mètres de hauteur. Ses feuilles sont alternes, simples, elliptiques ou ovales-aiguës, à pétiole court, articulé à sa base, et à stipules représentées par de petites languettes finement ciliées et disparaissant de très-bonne heure. Il n'y a pas de Légumineuse qui, par tous ses caractères, rappelle davantage les Chrysobalanées, et ces dernières n'en diffèrent essentiellement que par leur ovaire uni ou biovulé.

On ne connaissait guère jusqu'ici en Afrique de type analogue, parmi les Légumineuses, à celui des Martiusées qui sont des plantes américaines. Aujourd'hui nous sommes à même d'en signaler deux qui appartiennent l'un à la région occidentale, et l'autre à Madagascar. La première est la plante que les indigènes du Gabon désignent sous le nom de *Ngandji*.

Le premier échantillon du *Ngandji* qui nous soit parvenu, avec ses fleurs en grappes rappelant d'un peu loin celles d'un *Alpinia* ou de certaines Orchidées, avait été rapporté par le P. Duparquet (n. 19). Aussi lui avons-nous dès lors donné le nom de *Duparquetia* (1) *orchidacea*. C'est, d'après M. Griffon du Bellay, un

(1) DUPARQUETIA, *nov. gen.*, Flores hermaphroditi, receptaculo subconvexo. Calyx 2-phyllus : lacinia una antica crassa florem totum in juventute involvente ;

arbuste qui s'élève isolément dans les plaines sous forme d'un buisson d'environ 2 mètres de hauteur. Ses rameaux cylindriques et glabres sont couverts d'un écorce brune à teinte uniforme, lisse ou très-peu rugueuse, et la plante ne laisse échapper aucun suc lorsqu'on la coupe. Les feuilles sont alternes et imparipennées, accompagnées de stipules très-caduques et dont la cicatrice nous indique seule l'existence (1). Le nombre des folioles varie de trois à sept; elles sont d'autant plus petites qu'elles sont situées plus bas sur le rachis commun; et chacune d'elles est portée par un pétiolule distinct, glabre comme le rachis lui-même. Le limbe est obovale, ordinairement atténué, plus rarement arrondi à sa base, brièvement acuminé au sommet; entier, membraneux, très-glabre, penninerve, subtrinerve à la base, finement veiné et réticulé, d'un vert terne et foncé en dessus, plus clair et luisant inférieurement. Les plus grandes dimensions du limbe sont de 17 centimètres de long, sur 12 de large. Les pétioles sont d'un brun rosé, ainsi que les nervures, et, suivant M. Griffon du Bellay, « chaque pétiole commence par une portion charnue de 1 centimètre de longueur ». Les pétiolules, qui ont environ 1 millimètre

altera postica multo tenuiori angustiorique utrinque ab antica involuta. Corollæ petala 5, scilicet postica 3 minora lanceolata membranacea inter se imbricata; 2 autem anteriora multo majora inæqualia basi inæquali-auriculata, posteriora in alabastro involventia, inter se imbricata. Stamina 10, scilicet 2 anteriora sterilia petaloidea obovata v. subspathulata margine glanduloso-ciliata; glandulis eis petalorum posteriorum conformibus sed multo majoribus et inde conspicuis; stamina fertilia 8 3-adelpha, quorum 4 posteriora, 4 autem lateralia per paria connata; antheris apiculatis introrsis unilocularibus intus sulcatis et longitudine ad medium dehiscentibus. Pistillum sicut et stamina post anthesin reflexum; germine 4-alato; alis brevibus 2 anterioribus, 2 autem posterioribus; placenta posteriori 2-ovulata; ovulis descendentibus; micropyle extrorsum supera; stylo tenui ad apicem paulo incrassato stigmatoso. Fructus ignotus. Arbuscula (ad 2 met. alta) glabra; foliis alternis stipulaceis breviter acuminatis integerrimis membranaceis glabris penninerviis. Flores racemosi, singuli bracteati pedicellati; pedicellis basi 2-bracteolatis; racemis simplicibns terminalibus. — Crescit in Gabonia ibique vernacule audit *Ngandji*. Legerunt cl. *Duparquet* (n. 19) et *Griffon du Bellay* (n. 339). Legit quoque cl. Mann, ad. riv. Cameroon (n. 751, 2210). Species unica : *D. orchidacea*.

(1) M. Griffon du Bellay, qui a observé cette plante avec beaucoup d'attention, a vu ces stipules dont la longueur est, dit-il, d'un centimètre.

de longueur, sont entièrement formés de ce tissu charnu et verdâtre. Les folioles mobiles sur le pétiole commun, ont, ainsi que la feuille tout entière, la propriété de se rabattre et de pendre sur les rameaux.

Les fleurs sont disposées au sommet des rameaux en grappes d'environ 12 centimètres de longueur. L'axe de la grappe est simple, cylindrique et glabre ; il porte une quarantaine de fleurs et beaucoup de boutons qui sont encore loin de s'épanouir quand les fleurs de la base ont déjà noué leurs fruits. Le périanthe et l'androcée de ces fleurs tombe alors d'une seule pièce et couvre le sol au pied de la plante. Les pédicelles floraux arrondis, d'un vert brun et velouté, articulés, ne dépassent pas 1 ou 2 centimètres de longueur. Ils se dilatent un peu à leur sommet en un réceptacle floral à peu près plan, qui porte le calice, la corolle, l'androcée et le gynécée. Sous la fleur il y a deux bractées latérales qui demeurent toujours très-petites. Le calice est formé de deux sépales, l'un antérieur et l'autre postérieur. Ce dernier est mince et de petite taille, relativement au sépale superposé à la bractée florale, qui est au contraire épais, beaucoup plus coriace que le sépale postérieur qu'il enveloppe par ses deux bords. Leur couleur n'est pas non plus la même ; car l'antérieur est verdâtre, brun sur les bords, blanc à l'intérieur, tandis que le sépale postérieur est blanc et n'a qu'une raie brune sur sa ligne médiane. La corolle est formée de cinq pétales roses veinés, d'abord trois postérieurs dont un médian enveloppé par les deux latéraux, tous les trois presque égaux, lancéolés, d'un rose vif et marqués de veines brunes, d'après les notes de M. Griffon du Bellay. Ces trois pétales sont enveloppés par les deux pétales antérieurs qui sont beaucoup plus grands et dont la configuration est si singulière qu'on les compte d'abord pour trois ou quatre pétales. Ils ont, en effet, un limbe aigu, à peu près régulier ; mais, près de leur base, ils possèdent, sur celui de leurs bords qui regarde la bractée florale, une expansion latérale en forme d'auricule ; et comme par ce même bord ils s'enveloppent l'un l'autre, il arrive d'ordinaire que le pétale enveloppé a son auricule bien plus développée que celle du pétale recouvrant ; et c'est dans ce cas-là qu'on croit au premier aspect à l'existence de trois pétales antérieurs. En somme, la préfloraison de la corolle est quinconciale, mais le plan de symétrie de ce quinconce est oblique par rapport au plan antéro-postérieur de la fleur.

L'androcée est formé de huit étamines fertiles et de deux languettes que nous croyons pouvoir considérer comme des staminodes pétaloïdes. Ces staminodes sont antérieurs, membraneux, obovales-lancéolés, chargés sur leurs bords de petites glandes stipitées qui se retrouvent aussi sur les pétales postérieurs, mais qui y sont bien moins prononcées. Quant aux étamines fertiles, elles sont triadelphes, car leurs filets aplatis, d'abord unis en un seul anneau, se séparent bientôt en trois languettes, dont une postérieure, et deux autres latérales. La languette postérieure supporte quatre anthères dont la forme extérieure est la même que dans les Zollerniées ; et chaque languette latérale en supporte deux, à moins que, de ces deux étamines, l'antérieure n'avorte, comme cela arrive assez souvent. Les anthères sont surmontées d'un prolongement aigu du connectif ; elles n'ont qu'une loge qui s'ouvre suivant sa longueur, par une fente médiane qui est indiquée d'avance par un sillon très-déprimé, et qui s'étend environ à la moitié de la hauteur de l'anthère. Quand la fleur s'est épanouie, toutes ces étamines se rabattent en bas et en dehors, et s'appliquent ainsi sur le gynécée qui est forcé de suivre ce mouvement de réflexion. L'ovaire est à une loge, avec un placenta postérieur qui supporte deux ovules descendants, dont le micropyle est dirigé en haut et en dehors. Le sommet de l'ovaire s'atténue graduellement en style, et ses côtés portent quatre côtes saillantes, dont deux postérieures et deux antérieures. Quoique nous ne connaissions pas le fruit mûr, il est donc probable qu'il présente quatre ailes plus ou moins marquées. Ce qu'il y a de certain, c'est que lorsqu'il vient de nouer, il présente tout à fait en petit la forme du fruit mûr du *Tetrapleura Thönningii* Benth., figuré dans la planche III (fig. 5) ; mais il s'en distingue, outre le petit nombre de graines qu'il peut contenir, par ce fait que le placenta répond, non pas à une des quatre ailes, mais à l'intervalle des deux saillies postérieures.

On voit, par ce qui précède, que tout en affectant de grandes analogies d'organisation avec les *Zollernia* et les *Martiusia*, le *Duparquetia* en diffère notablement par le nombre de ses étamines fertiles, la configuration de ses staminodes et de sa corolle, en même temps que par son calice qui n'a que deux pièces opposées l'une à l'autre, et non pas cinq, comme les *Martiusia*, ni, comme les *Zollernia*, un sac gamophylle irrégulièrement déchiré lors de l'anthèse.

L'autre plante africaine que nous croyons devoir rapporter au même groupe, est originaire de Madagascar; elle n'a pas été, que nous sachions, décrite jusqu'ici; et il est certain qu'elle a très-peu le port et le feuillage d'une Légumineuse. Elle ressemble plutôt, au premier abord, à une Dilléniacée ou à certaines Pittosporées australiennes. Son organisation florale se rapproche cependant beaucoup de celle des *Zollernia*. Nous lui donnerons le nom générique de *Baudouinia* (1), pour reconnaître les services rendus à la botanique par le capitaine Baudouin, l'un des derniers explorateurs de la Nouvelle-Calédonie. Ses fleurs ont, sur un réceptacle convexe, un calice et une corolle, formés chacun de cinq folioles lancéolées, imbriquées, libres et à peu près semblables entre elles. L'androcée est constitué par dix étamines superposées, cinq aux sépales et cinq aux pétales, insérées hypogyniquement et formées d'un filet renflé à son sommet en pyramide renversée, et d'une anthère introrse à sommet aigu. Ce sommet

(1) BAUDOUINIA, *nov. gen.* Flores hermaphroditi subregulares; receptaculo convexo depresse conico. Calyx 5-partitus; laciniis subæqualibus lanceolatis glabris; præfloratione imbricata. Petala sepalis conformia tenuiora; præfloratione imbricata (vexillari). Stamina 10 hypogyna, quorum 5 alterna petalis opposita, aut omnia inter se subæqualia, aut plerumque eo breviora quo ad placentam magis propinqua; filamentis hypogynis liberis e basi longe angustata obpyramidatis apice incrassato truncatis; antheris basifixis introrsis 2-locularibus sagittatis, apice penicillatis; intus haud procul ab apice dehiscentibus; rimis mox divaricatis usque ad basin descendentibus. Germen breviter stipitatum pauciovulatum; ovulis plerumque 3 campylotropis subhorizontalibus v. obliquis descendentibus; ovario in stylum subulatum apice haud incrassatum attenuato. Fructus (immaturus) carnosus oblique

porte un petit bouquet de poils fins, et la déhiscence commence par le haut des deux loges par une fente commune qui bientôt se bifurque et descend finalement jusque tout en bas de l'anthère. Le gynécée s'insère au centre du réceptacle ; un pied porte l'ovaire qui est surmonté d'un style aigu, subulé, sans renflement stigmatique, et qui renferme ordinairement trois ovules campulitropes, A voir la consistance presque charnue des parois de l'ovaire, on devine d'avance que la gousse sera épaisse et charnue, ce qui arrive en effet. Elle renferme depuis une jusqu'à trois graines qui sont séparées les unes des autres par des saillies intérieures et obliques de l'endocarpe. Pour se faire une idée exacte du *B. sollyæformis*, qu'on place maintenant ces fleurs pédicellées, ou solitaires, ou réunies par petits bouquets de deux ou de trois fleurs, à l'aisselle des feuilles d'un arbuste de vingt-cinq pieds environ, dont les rameaux sont grêles et dont le feuillage est à peu près glabre, chaque limbe étant simple, obovale-oblong, arrondi à son sommet, longuement atténué à sa base, et supporté par un pétiole grêle et court qu'accompagnent deux petites stipules latérales très-caduques. C'est à Port-Lewen, sur la côte de Madagascar, dans les mornes boisés qui bordent la mer, que Boivin (n° 2556) a trouvé cette plante, en 1849.

D'après ce que nous venons de voir, le *Baudouinia* a donc le calice d'un *Martiusia* et l'androcée d'un *Zollernia*, et se rattache en même temps aux Swartziées et au Cassiées. Mais quoique ses étamines soient au nombre de dix, on voit que, dans la plupart

stipitatus oligospermus; seminibus singulis (2, 3) in locellis spuriis inter dissepimenta obliqua ex endocarpio incrassato orta obliquis. — Species hucusque unica, scil. *B. sollyæformis*, arbuscula (adspectu *Pittosporeas* nonnullas referens, ad 25 ped. alta, fid. *Boivin*), ramis gracilibus; cortice rugoso griseo; foliis alternis oblongo-obovatis, rarius subspathulatis (2 ½ cent. long., 1 cent. lat.), basi longe angustata; apice rotundato; integerrimis membranaceis glabris, supra lucidis lævibus, subtus opacis pallidioribus penninerviis venosis; costa nervisque utrinque (in sicco) prominulis; petiolo gracili brevi (3-5 mill.); stipulis 2 brevissimis trigonis caducissimis; pedunculis gracilibus axillaribus folio brevioribus 1-3-floris; pedicellis procul a flore 2-bracteolatis.

Oritur in Malacassia, ubi ad *Port-Lewen*, in littore maris, martio aprilique florentem, anno 1849, legit *Boivin* (exs., n. 2556, in herb. Mus. par.).

des fleurs, elles vont en diminuant de taille à mesure qu'on se rapproche davantage du côté placentaire de la fleur; ce qui se produit aussi dans quelques Casses de l'ancien monde, tandis que les étamines deviennent tout à fait courtes et stériles dans la plupart des autres et qu'elles disparaissent même complétement d'un côté de la fleur des *Martiusia* et du *Duparquetia*, genres dont les affinités avec les Casses sont par conséquent très-étroites.

Quant aux Casses elles-mêmes, elles sont richement représentées, dans l'herbier du Gabon, par quelques-unes de ces mauvaises herbes si abondantes dans le voisinage des tropiques. Telles sont le *Cassia occidentalis* L., qui se retrouve dans l'ouest aussi bien que dans l'est, au Gabon (Duparquet, n. 25), à Fernando-Po (Mann, n. 69), au Niger (Barter, n. 1602), à Zanzibar (Boivin); le *C. Tora* L. (*obtusifolia*), recueilli au Gabon par MM. Griffon du Bellay (n. 121), Duparquet (n. 24), Mann (n. 595), à Saint-Louis du Sénégal, par Leprieur, en 1824, à Nupe et à Jeba, par Barter (n. 1630), à Maurice, par Sieber (*Fl. exs.*, II, n. 241), à Zanzibar, par Boivin, en 1848; le *C. Absus* L., à l'aide duquel les nègres guérissent certaines ophthalmies et qui est signalé dans le *Floræ Senegambiæ Tentamen* (261). Heudelot (n. 207, 414) l'a récolté en 1836 et 1837 dans les sables du Cayor; Barter (n. 1620, 1621), à Nupe; Boivin, à Montbaze; mais nous ne l'avons pas vu dans les herbiers du Gabon. Le *C. mimosoides* L., en y comprenant les *C. geminata* Vahl et *microphylla* W., a été rencontré par tous les botanistes précédemment cités (Duparquet, Griffon-du-Bellay, n. 55, 57, Mann, n. 996, Barter, n. 1619, 1622, Perrottet, Leprieur, Heudelot, n. 251). Dans l'est, Boivin l'a recueilli à Zanzibar et à Bourbon (n. 1476). Le *C. alata* L., qui est si fréquemment planté au Sénégal, et dont les graines envoyées en France commencent à produire pour nos serres de si belles plantes ornementales, se retrouve également au Gabon (Griffon du Bellay, n. 601, Mann, n. 1000), mais avec des formes à ce qu'il semble plus réduites. Il n'est guère possible de parler des

Casses, sans signaler le *Poinciania pulcherrima* (1), l'un des *Flamboyants* des pays chauds, qui a été introduit au Gabon, et qui s'y cultive (Griffon-du-Bellay, n. 150 bis), aussi bien que dans tout le reste de l'Afrique chaude, au Cap (Sonnerat), à Zanzibar (de Belligny), à Maurice (Sieber, *Fl. exs.*, II, n. 333), au Sénégal (Lelièvre) et à Sierra-Leone (Don, Vogel, Barter).

Les *Mezoneuron* sont très-voisins des *Poinciana* et des *Cæsalpinia*, car ils ne diffèrent en somme de ces derniers que par l'obliquité plus prononcée du rebord supérieur de leur coupe réceptaculaire et par la manière dont le dos de leur gousse se prolonge dans toute sa longueur en une aile plus ou moins épaisse. On n'a pas jusqu'ici recueilli de *Mezoneuron* au Gabon, mais nous croyons avoir sous les yeux l'espèce à laquelle il est fait allusion, dans le *Niger Flora* (324), comme ayant été trouvée par Heudelot dans la Sénégambie ; il nous paraît juste de la désigner sous le nom de *M. Benthamianum* (2). Elle paraît surtout caractérisée par la longueur de ses grappes, l'épaisseur de leur axe principal qui est ligneux et chargé d'un grand nombre de petites cicatrices saillantes répondant à la place d'autant de fleurs tombées et de leurs bractées axillantes, ses gousses étroites, allongées et peu épaisses relativement à leurs dimensions, le petit nombre de graines qu'elles renferment, et la forme des folioles qui sont elliptiques ou légèrement obovées, glabres et d'un vert foncé supérieurement, pâles à la face inférieure.

Le genre *Cæsalpinia* est représenté au Gabon comme dans tant d'autres régions chaudes du littoral, par le *C.* (*Guilandina*) *Bon-*

(1) Thönning avait déjà observé en Guinée cette plante dont Schumacher donne la synonymie détaillée, p. 229 du *Beskriv. af Guin. plant.*

(2) *M.* foliis completis ignotis; foliolis elliptico-obovatis, apice rotundatis retusisve (3 cent. longis, 1 $\frac{1}{2}$ cent. latis) integerrimis membranaceis, supra dense viridibus, subtus albidis opacis penninerviis glaberrimis; racemis simplicibus demum lignosis perlongis (30-40 cent.) cicatricibus crebris pedicellorum occasorum bractearumque prominulis notatis; receptaculo florum late obliquo puberulo ; leguminibus oblongis basi et apice rotundatis membranaceis glabris 2-3-spermis (ad 8 cent. longis, 2 cent. latis); ala subintegra v. obsolete sinuata membranacea venosa ($\frac{1}{2}$ cent. lata). — In Senegambia, anno 1837 legit *Heudelot* (herb. Mus. par.).

duc, que M. Duparquet (n. 20) y a rencontré communément sur le littoral. Heudelot l'avait de même récolté, en 1837, dans la Sénégambie (n. 464).

Il n'y a pas de véritable *Schotia* dans l'herbier du Gabon, et ce genre paraît appartenir aux régions plus méridionales. Citons en passant une plante de ce genre qui se trouve dans l'herbier de la Société horticulturale de Londres, et qui a été recueillie en 1822, au golfe de Delagoa, par M. Forbes (n. 32). Nous proposons d'appeler *Forbesiana* cette forme (1) du *S. tamarindifolia* Afz., qui, avec des folioles obovées, légèrement acuminées, un peu sinueuses, présente ses fleurs réunies en boules presque sessiles sur le vieux bois, ou au sommet de rameaux grêles, et dont le gynécée, porté par un pied plus distinct, se détache plus haut de la paroi de la coupe réceptaculaire, et ne devient indépendant qu'au niveau du bord de cette dernière.

Quant au *S. simplicifolia* Thönn., avec une fleur très-analogue par son organisation, il appartient, comme nous l'avons indiqué plus haut (p. 188), au nouveau genre *Griffonia* (2) dont il constitue une seconde espèce. Nous avons été assez heureux pour retrouver, dans l'herbier des Jussieu, l'échantillon type de la plante de Thönning, envoyé autrefois par Vahl, et que De Candolle avait eu sous les yeux à l'époque où il rédigeait les Légumineuses du *Prodromus* (II, 508). C'est probablement un rameau latéral ; son écorce glabre, et ses feuilles se distinguent facilement de celles du *G. physocarpa* par leur nervation, car les nervures secondaires partent de la base du limbe, au nombre de quatre. Celles qui sont voisines des bords sont grêles et peu prononcées ; mais les deux intérieures sont plus saillantes et rapprochées de la nervure prin-

(1) Nous ne pensons pas que la plante présente des caractères suffisamment tranchés pour être élevée au rang d'espèce.

(2) *G. simplicifolia* (*Schotia simplicifolia* Thönn., *Beskr.*, 232). Ce nom doit avoir la priorité sur celui de *Bandereia* Welw. (in Benth. et Hook., *Gen.*, 577, n. 335), dont la publication est postérieure. Un autre genre, appartenant aux Chrysobalanées, a été dédié, dans le même ouvrage (608), à M. Griffon du Bellay, mais nous verrons ultérieurement que ce nouveau type est considéré par nous comme ne constituant qu'une section du genre *Couepia* d'Aublet.

cipale, tandis qu'existant seules dans le *G. physocarpa*, elles se rapprochent beaucoup plus du bord du limbe. Celui-ci est ici elliptique ou ovale-aigu, souvent acuminé, très-entier, glabre, supporté par un pétiole court. Les fleurs sont caractérisées par le duvet pulvérulent et verdâtre dont leur calice et leur tube réceptaculaire sont chargés en dehors, ainsi que les pédicelles et l'axe même de l'inflorescence. Ce dernier est plus court que les feuilles, simple, épais, rigide et ligneux à sa base. Il est situé latéralement sur le rameau, mais non pas en général dans l'aisselle d'une feuille. Vers le sommet du rameau seulement, il occupe exactement cette position. Mais, plus bas, il est à égale distance de deux feuilles, sans être superposé à aucune d'elles, et, plus bas encore, il se trouve au même niveau qu'une feuille, mais placé sur son côté et non dans son aisselle. On voit par là que les inflorescences sont plus ou moins soulevées avec la branche qui les porte, comme il arrive dans tant d'autres plantes, Cucurbitacées, Ampélidées, Apocynées, Asclépiadées, Solanées, etc., et qu'ici, de même que dans plusieurs Mappiées, telles que le *Leptaulus* (1), le rameau florifère se détache quelquefois de la branche qui le porte, exactement au niveau d'une feuille à l'aisselle de laquelle il n'est pas né.

M. Griffon du Bellay a trouvé au Gabon uu *Dialium* (n. 318) qui, malgré quelques différences dans la forme de ses jeunes boutons, le duvet fauve qui les recouvre, l'épaisseur des sépales et la teinte brune foncée de la surface de l'ovaire, ne nous paraît pas devoir être spécifiquement distingué de l'ancien *Codarium nitidum* de Vahl, désigné dans le *Floræ Senegambiæ Tentamen* (267, t. LIX) sous le nom de *Dialium nitidum*. C'est une plante extrêmement polymorphe ; la taille des feuilles, leur configuration et l'état de leurs surfaces, la longueur des pédicelles floraux et leur degré de rapprochement, sont tellement variables, qu'après avoir d'abord été considérés comme des espèces distinctes, le *Codarium nitidum*, envoyé à Jussieu par Vahl, et dont les folioles sont pe-

(1) *Adansonia*, III, 376.

tites et elliptiques, et le *D. acutifolium* Afz., tel que Smeathmann, Leprieur, Barter, etc., l'ont récolté, avec ses feuilles allongées, étroites et lancéolées, doivent être forcément reliés entre eux par une foule de formes intermédiaires, observées par Adanson (n. 232) et par Heudelot. Il devient même fort douteux pour nous, qu'on puisse conserver comme espèce distincte le *D. discolor* du *Niger Flora* (329), qui semble cependant tout d'abord bien caractérisé. Quelques-uns des échantillons d'Heudelot (n. 585) ont, avec le même feuillage, des fleurs construites comme celles du *C. acutifolium* de Vahl. Le duvet brun qui existe à la fois sur l'ovaire, le disque et les filets staminaux, dans les échantillons de Barter et de M. Mann, constitue un caractère trop variable dans les plantes d'autres collecteurs, pour qu'on en puisse tenir compte. Il en est de même du pétale, dont la présence ou l'absence n'a pas une valeur absolue. Cet appendice existe dans la plante type de Vahl et manque dans les échantillons d'ailleurs très-analogues de Leprieur. Dans certaines fleurs du rameau rapporté par M. Griffon du Bellay, le pétale est un moignon rudimentaire ; dans d'autres il manque complétement. Ce même pétale est à peine visible dans quelques fleurs, et grand, obovale, membraneux, dans quelques-autres, prises au hasard sur un échantillon type du *Floræ Senegambiæ Tentamen*, recueilli par M. Perrottet.

Non loin des *Dialium* se placent les *Crudia* dont le *Floræ Senegambiæ Tentamen* ne mentionne aucune espèce. On pouvait cependant s'attendre à rencontrer dans la Sénégambie le *C. senegalensis* Pl. (voy. *Niger Flora,* 329), et il figure, en effet, sous le n. 708, dans les collections formées en 1837 par Heudelot. C'est, suivant ce voyageur, un arbre élevé de 10 à 20 mètres, qui croît sur les bords du Rio-Nunez et qui y fleurit en janvier. Ses feuilles sont remarquables par le développement et la persistance de leurs stipules membraneuses. Lorsqu'on observe ces organes à la base des feuilles naissantes, on voit que, comme dans la plupart des Légumineuses, ils sont latéraux. Mais comme ils ne se quittent pas en grandissant et qu'ils s'élèvent graduellement, en demeurant unis dans la moitié environ de leur hauteur, ils constituent définitivement une seule stipule bifide et intraaxillaire, sans qu'on puisse cependant méconnaître leur véritable origine. Nous n'insistons sur ce fait que parce qu'il est applicable à la plupart des stipules intraaxillaires qu'on décrit souvent comme solitaires et qui sont doubles en réalité. Quant aux fleurs des *Crudia*, elles sont celles d'une Amherstiée apétale. Dans les échantillons d'Heudelot, que nous avons sous les yeux, le calice est ordinairement tétramère, mais parfois aussi pentamère. Quand il y a cinq sépales, ils sont disposés, dans le bouton, en préfloraison quinconciale. L'existence de dix étamines, dont cinq grandes et cinq plus petites, indique d'ailleurs assez que, comme dans la plupart des *Vouapa*, un des sépales en représente une couple, tantôt plus ou moins unis, tantôt indépendants jusqu'à la base. Les étamines s'insèrent au pourtour de la coupe réceptaculaire; leurs filets sont libres, attachés en haut sur le dos du connectif et repliés en dedans sur eux-mêmes dans le bouton. Les anthères introrses sont à cette époque appliquées et comme scellées contre les poils laineux dont est chargée la surface de l'ovaire. Celui-ci renferme ordinairement plus d'ovules qu'on ne pense; le nombre six est le plus fréquent. Le pied qui supporte le gynécée a toujours une insertion excentrique, si rapproché qu'il puisse être du fond de la cavité réceptaculaire; et c'est toujours du côté de l'insertion de ce court podogyne que se trouve le placenta. Le style, légèrement renflé en tête au sommet, est involuté dans le boulon.

De ce qui précède, il résulte que les *Crudia* sont en même temps très-voisins des *Detarium*. Même androcée et même périanthe; seulement le réceptacle devient tellement court dans les *Detarium*, que l'insertion arrive à y être sensiblement hypogyne, et que le gynécée en occupe à peu près le sommet. Cette disposition des parties s'observe également dans les *Copaifera;* et il y a lieu, ce me semble, de se demander si les *Detarium* doivent demeurer génériquement séparés de ces derniers. Nous ne rencontrons pas de *Detarium* dans l'herbier du Gabon; mais nous devons mentionner une plante de ce genre dans les collections non décrites d'Heudelot (n. 822, 827), récoltée par lui, en 1837, dans les forêts qui avoisinent le Rio-Nunez; elle forme, d'après lui, un arbre élevé de 15 mètres et plus, dont le tronc est droit, cylindrique et dont les rameaux étalés portent en mars des fleurs blanches et odorantes. Son bois est d'une assez belle couleur rouge et d'une grande dureté; ses fruits, au dire des gens du pays, ne sont pas bons à manger. Les jeunes rameaux, les bourgeons, les pétioles sont recouverts d'un duvet brun ferrugineux très-court, ainsi que la face inférieure des folioles. Celles-ci, au nombre de huit ou dix, sont elliptiques ou légèrement ovales et également arrondies, ou rétuses aux deux extrémités, parfois émarginées au sommet. Leur longueur ne dépasse pas 5 centimètres; elles sont minces, membraneuses, à nervures secondaires obliques et parallèles entre elles dans toute leur longueur. Les inflorescences, portées sur les côtés des rameaux, sont ramifiées et également ferrugineuses. Les fleurs ont un calice de quatre sépales presque valvaires, mais à bords taillés en biseau, et dix étamines dont cinq plus grandes et cinq plus petites. Une de ces dernières étant superposée exactement à la ligne médiane d'un sépale plus large que les trois autres, montre que cette foliole calicinale en représente deux unies entre elles dans toute leur étendue. L'ovaire renferme deux ovules descendants. Chaque fleur est portée par un court pédicelle, articulé à sa base, placé à l'aisselle d'une bractée, et accompagné de deux courtes bractéoles latérales. Cette plante, que nous avons nommée *D. Heudelotianum*, pourra paraître, à cause des caractères que nous venons d'énoncer, une espèce distincte du *D. senegalense* Gmel., décrit dans le *Prodromus* de De Candolle (II, 521), le *Floræ Senegambiæ Tentamen* (269, t. LX) et le *Niger Flora* (329), avec des traits un peu différents. Nous croyons toutefois préférable de ne l'en considérer que comme une forme, en songeant qu'il s'agit ici d'une plante éminemment variable quant à la forme, la taille, la consistance et l'état des surfaces de ses différents organes.

Mais si l'on cherche en quoi le *D. senegalense* Gmel. diffère lui-même d'un *Copaifera*, on ne trouve de dissemblance que dans l'épaisseur et la consistance du péricarpe. Le *Detarium*, avec son noyau épais, son mésocarpe succulent, parcouru de faisceaux vasculaires plus ou moins rigides, est au *Copaifera* dont le mésocarpe n'est souvent qu'une portion peu épaisse du péricarpe et dont l'endocarpe s'ouvre plus ou moins complétement ou demeure indéhiscent, est, disons-nous, à peu près ce qu'est la Pêche à l'Amande qu'on ne peut guère séparer génériquement l'une de l'autre. D'ailleurs le gynécée et l'androcée sont les mêmes dans le *Copaifera* et le *Detarium*. Dans l'un comme dans l'autre, il peut arriver qu'au lieu de quatre sépales on en observe cinq. Dans le premier, la préfloraison du calice peut être nettement imbriquée ; mais, dans plusieurs espèces brésiliennes, le bord des sépales est simplement un peu taillé en biseau, comme dans le *Detarium*, et l'æstivation devient presque complétement valvaire. Il n'y aurait sans doute pas d'inconvénient à faire des *Detarium* une simple section du genre *Copaifera*.

C'est avec plus d'incertitude encore que nous proposons de rapporter au même genre, sous le nom de *Copaifera*? *Mannii*, la plante des collections de M. Mann, distribuée par l'herbier de Kew, sous les numéros 754, 1822 et 2194, avec le nom de *Crudya*? C'est un arbre qui croît près de la rivière Cameroon, et dont les rameaux sont chargés de feuilles alternes, composées de une à trois folioles. Quand elles en ont deux, celles-ci ont tout à fait la même configuration que celles de notre *Didelotia* (voy. *Adansonia*, V, t. VIII). Leur pétiole et leurs pétiolules sont courts, trapus, épais et rugueux. Les fleurs sont groupées en grappes composées, qui naissent sur le bois des rameaux. Leur réceptacle très-court supporte quatre ou cinq sépales inégaux, concaves, fortement imbriqués, et dix étamines hypogynes à filets exserts, à anthères biloculaires, introrses, d'abord extrorses dans le bouton, par suite de l'inflexion des filets staminaux. Un certain nombre de ces étamines peuvent même disparaître, car il y a des fleurs qui n'en contiennent que cinq ou six. L'ovaire, libre et court, est atténué supérieurement en un long style, d'abord replié sur le sommet de l'ovaire, puis redressé et dépassant le périanthe, sans renflement bien prononcé à son sommet. L'ovaire renferme un ou deux ovules suspendus et hémitropes, avec le micropyle supérieur et extérieur. Chaque pédicelle floral porte supérieurement deux courtes bractéoles latérales, situées sous la fleur. En l'absence du fruit, il n'est pas facile de se prononcer d'une manière définitive sur la place que doit occuper cette plante. Elle pourrait tout aussi bien se rapporter au genre *Hardwickia* de Roxburgh. Mais c'est ici le lieu de se demander quelle différence générique il y a réellement entre un *Hardwickia* et un *Copaifera* à fleur quinaire et à calice imbriqué.

Les genres précédents se rattachent aux Mimosées par l'intermédiaire de l'*Erythrophlœum guineense* Don, qui a été décrit, dans le *Floræ Senegambiæ Tentamen* (242, t. LV), sous le nom de *Fillæa suaveolens* Guill. et Perr. Trouvée autrefois par Don à Sierra-Leone, puis à Albreda, par MM. Leprieur et Perrottet, cette plante a été retrouvée en 1836, dans le ravin de Woulli, et plus rarement dans le Ferlo, par Heudelot qui, dans son herbier (n. 155), nous a transmis sur elle de nouveaux renseignements. Là elle constitue un arbre de 30 mètres et plus, à tronc cylindrique, rectiligne, et de 2 mètres de diamètre. Les branches naissent à une hauteur de 5 à 6 mètres, se couvrent de feuilles vertes et luisantes, et donnent à l'arbre le port du *Cailcedra* (*Khaya senegalensis*). Les fleurs, d'un blanc jaunâtre, apparaissent en mars et avril. Les habitants du pays désignent sous le nom de *Tali*, cet arbre redouté qui est un poison violent pour les hommes et les animaux. Une petite dose de l'écorce broyée, jetée dans des aliments, suffit, à ce qu'il paraît, pour causer la mort. Les Mimosées ont rarement des propriétés délétères aussi énergiques. Quant aux fleurs, elles ont un réceptacle concave, et l'insertion des pétales y est périgynique. Le calice est, dans le bouton, aussi long que la corolle, gamosépale, et partagé supérieurement par cinq fentes profondes (1). Quant à la gousse, sa forme paraît varier quelque

(1) L'insertion de la corolle est donc inexacte dans la planche du *Floræ Sene-*

peu, suivant les échantillons, tantôt plus large et plus plate, avec un rebord plus ou moins saillant des deux côtés, tantôt plus arrondie et cylindroïde, sans sutures saillantes sur les deux bords. Il y a longtemps que les graines sont connues comme présentant deux particularités remarquables ; un albumen assez épais, analogue à celui des *Gledìtschia ;* et une couche superficielle, pulpeuse et gommeuse dont la saveur est douceâtre, et qui prend une grande épaisseur quand on laisse tremper les semences dans l'eau.

Non loin des *Erythrophlæum* se place l'*Owala* des Gabonais, qui est le *Pentaclethra macrophylla* BENTH. (in *Hook. Journ.*, II, 127), et qui se caractérise principalement par l'organisation de son androcée et celle de son fruit. On savait, depuis 1837, par les notes jointes aux collections d'Heudelot (n. 823), qu'il y avait sur les bords du Rio-Nunez, une Mimosée à grandes gousses ligneuses, longues d'un pied à un pied et demi, et dont la graine était riche en matière grasse. Là ces gousses se trouvent en abondance au pied de l'arbre qui les produit, dont la hauteur est de 20 mètres environ, et dont les rameaux ouverts, étalés, sont chargés de grandes feuilles bipennées à folioles très-nombreuses, insymétriques, trapézoïdales, opposées les unes aux autres, comme les divisions du rachis de la feuille. Celle-ci est accompagnée à sa base, de deux stipules lancéolées, de petite taille, et la base des divisions porte en outre des stipelles sétacées. La même plante a été observée par Vogel, à Fernando-Po (*Niger Flora*, 329), et récemment par M. Mann (n. 2203), sur les bords de la rivière Cameroon. M. Duparquet (n. 13) et M. Griffon du Bellay (n. 28) l'ont également récoltée au Gabon. C'est, suivant ce dernier, un arbre qui n'atteint guère, dans ce pays, que 5 à 6 mètres de hauteur, très-rameux et très-feuillu. Ses feuilles sont, ou glabres, ou recouvertes d'un fin duvet ferrugineux. La forme de leurs folioles est un peu variable ; elles sont plus ou moins insymétriques et plus ou moins arrondies ou aiguës à leurs extrémités. Quand le feuillage

gambiæ Tentamen; et c'est probablement par mégarde que M. Bentham dit (*Gen.*, 588) du calice : « *dentibus 5 brevissimis* ».

commence à paraître, il constitue au bout des rameaux des espèces de touffes chargées d'un duvet velouté de couleur marron. Plus bas les branches sont couvertes d'une écorce rugueuse et portent de nombreuses cicatrices saillantes des anciennes feuilles. La section des faisceaux fibro-vasculaires qu'on voit sur ces cicatrices figure grossièrement un masque humain, d'après l'observation de M. Griffon du Bellay. Le nombre des paires de folioles est très-variable ; M. Griffon n'en a compté qu'une douzaine au plus ; il y en a souvent davantage sur les échantillons d'Heudelot. Les fleurs, très-nombreuses, qui apparaissent dans la saison sèche, sont groupées en épis ramifiés, sur les axes desquels elles sont sessiles et articulées ; elles sont polygames. Leur calice (?) a la forme d'une petite clochette gamophylle, à cinq dents arrondies, ciliées et imbriquées dans la préfloraison. Au-dessus de lui, le réceptacle forme une cupule profonde dont le fond est occupé par un gynécée souvent stérile et dont la surface intérieure est tapissée d'un disque glanduleux, tandis que la corolle et l'androcée sont insérés sur les bords. Les pétales sont épais et valvaires. Les étamines fertiles, au nombre de cinq, alternent avec les pièces de la corolle. Leurs filets sont infléchis dans le bouton, plus tard redressés et exserts ; leurs anthères sont introrses, biloculaires, déhiscentes par deux fentes longitudinales. La glande caduque, elliptique, orangée, que porte en haut le connectif, est d'abord appliquée le long de sa face interne, dans l'intervalle des deux loges de l'anthère. A chaque pétale répond un petit faisceau de deux ou trois filaments stériles, grêles, repliés sur eux-mêmes dans le bouton, et qu'on considère comme des staminodes alternant avec les étamines fertiles. En dedans de l'androcée, le bord saillant du disque se découpe en dix petites dents glanduleuses et obtuses. L'ovaire, ordinairement mal développé, supporté par un pied très-court, contient cependant souvent de nombreux ovules disposés sur deux rangées verticales. Le fruit attire surtout l'attention par l'épaisseur de ses parois ligneuses et ses grandes dimensions. L'un d'eux, envoyé par MM. Griffon du Bellay et Touchard, mesure

55 centimètres de longueur, sur 9 de largeur et 3 1/2 d'épaisseur. C'est une sorte de batte aplatie, atténuée obliquement vers la base, et dont le bord, arrondi et mousse, présente dans toute sa longueur un sillon de déhiscence qui le partage en deux lèvres. La surface de toute la gousse est d'un brun-marron, velouté avant l'entière maturité, puis, le duvet tombant, glabre et parcourue, comme un morceau de bois, par des stries et des fissures longitudinales. Cette gousse s'ouvre avec élasticité, et ses deux valves tendent avec une grande force à s'écarter l'une de l'autre et à s'enrouler ensuite en dehors. Telle est la puissance de ce mouvement de déhiscence, que M. Poisson ayant fixé en plusieurs points, avec des boulons, les deux valves d'une gousse qu'il voulait conserver intacte, l'une de ces valves se brisa et commença de s'arquer en dehors, quand le fruit eut été placé dans un endroit suffisamment sec. Il est probable que, dans leur pays natal, les graines sont, au moment de la déhiscence, lancées avec élasticité à une certaine distance. Elles ont jusqu'à 7 centimètres de long, sur 5 de large, et sont aplaties, minces au bord, inégalement trapézoïdales, obliquement atténuées vers leur point d'attache, glabres, lisses et luisantes à leur surface qui est d'un brun foncé, parcourue suivant sa longueur par de nombreuses rides obliques, peu profondes. Les habitants récoltent ces graines qu'ils mangent, et dont l'embryon, épais et charnu, paraît riche en une matière grasse qui rancit rapidement. Cet embryon remplit toute la cavité formée par les enveloppes minces et coriaces de la graine. Ses cotylédons se prolongent au-dessous de leur insertion en une sorte d'auricule décurrente de chaque côté de la radicule qui en est complétement entourée comme d'un étui.

Ce n'est qu'avec grand doute que nous rapporterons provisoirement à ce genre, sous le nom *P? Griffoniana*, la plante que M. Griffon du Bellay (n. 6) a rapportée avec le nom indigène de *N'tchiumbou*. Nous n'en connaissons ni les fleurs, ni les fruits mûrs ; mais les feuilles sont très-voisines de celles du *P. macrophylla*. Elles sont bipennées, avec les nervures secondaires et les folioles opposées, nombreuses, sessiles, insymétriques et trapézoïdales, taillées obliquement en coin à la base, obtuses au sommet, glabres, un peu coriaces, ternes et légèrement ferrugineuses à la face inférieure. Elles ne se distinguent guère de celles de l'espèce précédente, que par la présence d'une ou deux petites glandes sessiles, à sommet concave, situées à la face supérieure de la nervure principale, au niveau de la naissance des nervures secondaires. Les fleurs sont disposées en grappes ou en épis ; et les fruits, tels que les a recueillis M. Griffon du Bellay, avant l'époque de leur maturité, sont des gousses rectilignes, à bords parallèles, à parois peu épaisses encore, d'un vert brunâtre à la surface, glabres ou chargées d'un fin duvet ferrugineux. Leur longueur est alors de 15 à 20 centimètres, et leur hauteur d'un centimètre à un centimètre et demi. D'après M. Griffon du Bellay, ce *N'tchiumbou* est un arbre magnifique dont le tronc est couvert d'une écorce d'un blanc rougeâtre, dont les rameaux sont très-feuillus, et dont la hauteur est de 15 à 30 mètres. Les rameaux sont bruns, à taches grises, rugueux et fendillés. Les extrémités, les pétioles, sont brunâtres et chargés d'un court duvet. Les feuilles articulées se rabattent à certains moments obliquement sur les rameaux.

Mais si l'on trouve à cette plante quelque analogie avec les *Pentaclethra*, il n'en est plus de même de celle que M. Griffon du Bellay (n. 160) a rapportée sous le nom d'*Habeian* ou *Owala du Boquoé*. Celle-ci a bien les folioles insymétriques de la plante précédente, avec une auricule très-prononcée en bas, et, au point même de l'insertion de la foliole, une sorte de glande elliptique d'où partent en rayonnant quatre ou cinq nervures digitées; mais les feuilles sont alternes, avec un bourgeon à leur aisselle, et simplement pennées. Il paraît que cette plante porte aussi des gousses énormes.

Le *Condori* ou *Adenanthera pavonina* L. se rencontre au Gabon ; il y porte le nom vulgaire de *Zanga-vara* (Griffon du Bellay, n. 146).

Les *Entada*, qui ne diffèrent essentiellement des *Adenanthera*, que par l'organisation de leurs fruits, sont beaucoup plus communs dans l'Afrique tropicale qu'on ne l'avait pensé jusqu'ici, et surtout qu'à l'époque où l'on ne connaissait que le seul *E. africana* du *Floræ Senegambiæ Tentamen* (233). Récoltée autrefois par M. Perrottet (n. 35), près de *Tiélimane*, dans le royaume de Cayor, à Kounoun, dans la presqu'île du Cap-Vert, et à Albreda, cette espèce a été retrouvée par Heudelot (n. 53), en 1835, dans le pays de Kombo et dans tout le Cayor. D'après ses notes, c'est un arbre de 20 à 30 pieds de haut, qui croît dans les bas-fonds, et qui fleurit en mai. Son tronc a un pied de diamètre, et ses rameaux ouverts ont un bois mou et aqueux et une écorce gris-vert. Les fleurs sont d'un blanc sale et inodore. Au dire des gens du pays, les éléphants, très-avides de ses feuilles et de ses jeunes branches, déterrent aussi, avec leurs défenses, les racines qu'ils mangent, sans doute parce qu'elles contiennent beaucoup d'eau.

En l'absence des fruits, nous ne pouvons rapporter qu'avec quelque doute à ce genre les quatre espèces suivantes :

La première, *E? durissima* (1), a les feuillages de l'*E. africana*, avec la même forme à peu près des folioles ; mais celles-ci sont plus elliptiques et deux fois plus larges. C'est, suivant Heudelot (n. 14) qui a trouvé cette plante dans les pays de Kombo et de Cayor, en 1835, un arbre de 30 à 40 pieds de haut, dont le bois, d'un noir mêlé de rouge, est, contrairement à celui de l'espèce précédente, d'une extrême dureté. Le tronc est tortueux et chargé de plaques corticales d'un gris noir. Les branches sont pendantes et les feuilles alternes sont bipennées, avec un renflement brun au bas du pétiole et de ses divisions ; elles sont bijuguées, avec environ neuf paires de folioles sur chacune des quatre divisions se-

(1) *Entada? durissima.* Folia basi incrassata articulata bipinnata bijuga ; foliolis ad 9-jugis elliptico-oblongis, basi inæquali-obtusatis, apice rotundatis v. brevissime apiculatis (2 cent. long., 1 cent. lat.) subsessilibus membranaceis glabris. Spicæ folio 3-plo breviores; floribus creberrimis sessilibus ; calyce ad medium 5-fido pubescenti ; antheris orbiculari-obcordatis compressis ; loculis apice divergentibus ; connectivi glandula apicali in alabastro inflexa globosa crassa glaberrima ; ovario dense villoso multiovulato ; stylo brevi.

condaires. Les fleurs, qui paraissent en mai et juin, sont sessiles sur l'axe de leurs épis, avec un calice pubescent, fendu jusque vers le milieu en cinq divisions aiguës, et des anthères orbiculaires-obcordées, comprimées, à prolongement du connectif épais et globuleux, d'abord infléchi et logé en haut de l'écartement des deux loges. L'ovaire, qui contient de très-nombreux ovules disposés sur deux rangs, est couvert de poils blanchâtres.

La seconde, *E. scandens*, β *Heudelotiana*, a, au contraire, de larges folioles elliptiques ou obovales, falciformes, insymétriques, avec une moitié intérieure de beaucoup moins large que l'extérieure. La taille de ces folioles qui sont glabres, luisantes, finement veinées, donne au feuillage un aspect tout différent. Les feuilles sont ordinairement bijuguées, et il y a deux à trois paires de folioles sur chaque division secondaire du rachis. Mais souvent, en outre, celui-ci, après avoir porté ses deux divisions, se continue, ou en une languette courte et grêle, ou même en une assez longue vrille enroulée, simple ou bifurquée. Les épis sont supra-axillaires, simples, grêles, allongés, dépassant de beaucoup les feuilles. Toutes les parties des fleurs sont glabres. Le calice est membraneux, à cinq dents obtuses à peines marquées. Les étamines sont surmontées d'une petite boule blanche, molle et glanduleuse. L'ovaire entièrement lisse et contenant de nombreux ovules, est surmonté d'un style grêle, plusieurs fois replié sur lui-même. L'*E. scandens* peut donc être placé dans une section bien différente de celle qui contiendrait les deux espèces précédentes. Heudelot (n. 850) a trouvé celle-ci en

(1) *E. scandens*, β *Heudelotiana*. Vix lignosa (fid. *Heudelot*), ramis teretibus glabris centro canaliculatis; ligno molli. Folia remote alterna, uti planta tota glaberrima 2-juga; foliolis 2-3-jugis inæquali-obovatis ellipticisve (ad 8 cent. long., 3 cent. lat.) inæquali-falcatis, intus concavis, apice rotundatis emarginatisve, ad basin inæquali-angustatis; ima basi obtusata; petiolo ad basin longe nudato, ima basi incrassato; apice aut truncato aut breviter apiculato aut in cirrhum simplicem duplicemve longe producto. Stipulæ lineari-subulatæ glabræ (ad 1 cent. longæ). Spicæ paulo supra axillares folio (nonnunquam 2plo) longiores simplices basi nudatæ mox crebrifloræ. Flos sessilis; calyce campanulato brevi membranaceo obsolete 5-dentato. Petala longiora oblonga crassa angulata calyce 3plo longiora. Germen oblongum teres glaberrimum multiovulatum; stylo gracili glabro ad apicem vix incrassato in alabastro plicato.

1837, dans le pays des Landoumas, où elle croît dans les lieux pierreux. C'est un végétal sous-ligneux, dit-il, sarmenteux, à tiges grimpantes, à racine vivace. Il se couvre en avril de fleurs jaunâtres, très-odorantes. La plante récoltée à Fernando-Po, par M. Mann (n. 1438), en 1862, paraît très-voisine de celle-ci et pourrait même n'en être qu'une sous-forme.

La troisième, *E. Duparquetiana* (1), appartient aussi, par ses larges folioles, à cette section, et n'a probablement été jusqu'ici observée qu'au Gabon. D'après M. Duparquet (n. 12), c'est un très-bel arbre. L'écorce de ses rameaux est rugueuse, couverte de petits points saillants rougeâtres. Ses feuilles ont un rachis court et trapu et sont bijuguées. Chaque division du rachis ne porte qu'une paire de folioles opposées, et encore l'une des folioles de chaque paire peut manquer ; en tout cas, chaque feuille n'a au plus que huit folioles. Celles-ci sont ovale-aiguës, légèrement atténuées à la base, brièvement acuminées au sommet, presque symétriques, entières, coriaces, penninerves, réticulées et entièrement glabres. Leur pétiolule est à peu près nul. Les fleurs sont disposées en épis axillaires, géminés, plus longs que les feuilles ; et, comme celles-ci peuvent manquer au sommet des rameaux, les différents épis, rapprochés les uns des autres, qui répondent à leurs aisselles, constituent une sorte de panicule rameuse. M. Duparquet compare la couleur des fleurs à celle du Réséda. Ces fleurs sont sessiles. Leur calice, égal en hauteur à la moitié de leur corolle, est découpé supérieurement en cinq dents courtes, mais bien marquées. Leurs pétales, unis dans leur portion inférieure, sont aigus, épais, lan-

(1) *E.? Duparquetiana.* Folia bipinnata : petiolo brevi robusto basi articulato ; pinnulis ad 4 per paria oppositis ; foliolis 2-jugis subæquali-ovato-acutis, basi paulo angustatis, apice brevi-acuminatis (ad 8 cent. long., 3 cent. lat.) subsessilibus integerrimis glaberrimis coriaceis penninerviis venosis, supra lucidis, subtus opacis in sicco ferrugineis. Spicæ in axillis geminatæ graciles rectæ simplices multifloræ folio 2-plo longiores ; floribus articulatis. Calyx brevis crassus æquali-5-dentatus. Petala basi connata lanceolata crassa glaberrima valvata. Stamina in alabastro corrugata, demum longe exserta ; connectivo supra loculos in apiculum gracilem aut subulatum aut rarius obovato-incrassatum caducum producto. Discus corollæ interior cum petalis androcæum connectens.

céolés et marqués d'une nervure médiane visible. Le prolongement du connectif au-dessus des anthères est variable de forme, tantôt globuleux, tantôt étroit et allongé, glabre toujours et tombant de bonne heure. Le gynécée est également glabre ; le style est à peine renflé à son sommet. L'intérieur de la base du périanthe est doublé d'un épaississement discoïde qui unit, dans une certaine étendue, la portion inférieure de la corolle et de l'androcée.

Le numéro 26 de l'herbier de M. Duparquet doit probablement se rapporter au *Piptadenia africana* Hook. f. (*Niger Flora*, 330), autant qu'on peut en juger d'après les descriptions et en l'absence d'échantillons authentiques. On trouve communément encore au Gabon (Duparquet, n. 21 ; Griffon du Bellay, n. 215), de même qu'en Sénégambie (Leprieur, Perrottet), au Congo (Smith, in herb. R. Brown), à Nupe (Barter, n. 1175) et sur la rivière Calibas (Mann, n. 2269), le *Mimosa asperata* L. (*M. polyacantha* W. — *M. Habbas* Del.), qui est l'*Erget el krone* du Voyage de Bruce (V, t. 7), d'après de Candolle (*Prodr.*, II, 428) et les auteurs du *Flora Senegambiæ Tentamen* (234).

Il faut encore mentionner l'*Ogagoumé* des Gabonais, dont MM. Griffon du Bellay et Touchard ont adressé les fruits au Musée des colonies, et qui se rapporte au *Tetrapleura Thönningii* Benth. (in *Hook. Journ.*, IV, 345; *Niger Flora*, 330). Cette plante n'est connue en Europe que par la description qu'en ont donnée Schumacher et Thönning (*Beskriv.*, 233), sous le nom d'*Adenanthera tetraptera*. C'est le *Pepræmese* des Guinéens, d'après les mêmes auteurs. Nous avons fait représenter (pl. iv, fig. 5) ce fruit, tel qu'on le ramasse au Gabon, au pied des arbres qui le produisent et qui mériteraient d'être connus, ne fût-ce qu'à cause de leurs feuilles qu'on dit être opposées et bipinnées. Les indigènes se servent de ces fruits pour faire des fumigations, dans les cas de fièvres pernicieuses. Il paraît que l'écorce de l'arbre est aussi employée comme vomitif. Il serait fort intéressant de suivre le développement des espèces d'ailes latérales que forme le péricarpe, dont la coupe transversale représente exactement une croix ; c'est un sujet d'étude que nous recommandons aux personnes qui pourront étudier l'évolution du fruit dans son pays natal.

Les Swartziées proprement dites ne paraissent pas jusqu'ici représentées au Gabon, tandis qu'elles le sont, dans la Sénégambie, principalement par le *Cordyla*. Mais on y trouvera sans doute beaucoup de *Baphia*, qui relient les Swartziées aux Sophorées. Le plus remarquable est, sans contredit, le *M' pano* des indigènes, dont nous devons à M. Griffon du Bellay une description très-détaillée. C'est un arbre élevé, dont l'écorce épaisse est d'un brun foncé, et dont l'aubier a une grande largeur. Les rameaux sont presque noirs et chargés près de leur extrémité d'un duvet velouté, couleur de rouille. Les feuilles sont alternes et simples, ovales ou oblongues, lancéolées, presque arrondies à la base et ordinairement acuminées au sommet. Leur limbe atteint jusqu'à 12 centimètres de longueur, sur 4 de largeur; il est entier, coriace, d'un vert sombre, glabre et lisse à la face supérieure, plus clair en dessous, penninerve et finement réticulé. Le pétiole est long de 1 à 2 centimètres, souvent épais et un peu rugueux ; les stipules qui accompagnent sa base sont très-caduques. Les fleurs sont abondantes, quelquefois axillaires, mais bien plus ordinairement réunies au sommet des rameaux en longues grappes multiflores qui occupent réellement l'aisselle des feuilles supérieures. Mais comme celles-ci sont souvent peu développées, l'ensemble de l'inflorescence simule une grappe ramifiée terminale, dont les divisions arrondies et peu épaisses atteignent jusqu'à 2 centimètres de longueur. Elles sont, ainsi que les pédicelles et les calices, chargées d'un duvet court et serré, velouté et brunâtre. Les pédicelles ont de 2 à 3 centimètres de longueur; ils sont géminés ou réunis en plus grand nombre à l'aisselle de bractées alternes qui tombent de bonne heure ; et leur sommet un peu renflé porte deux bractéoles très-courtes, obtuses, fort élargies, qui souvent deviennent confluentes par les bords et forment une petite collerette presque circulaire autour de la base du calice. Celui-ci est valvaire, en forme de sac, se déchirant inégalement et se déjetant d'un côté lors de l'anthèse. La corolle est papilionacée, avec un étendart à peine plus long que les autres pétales. Ceux-ci exhalent une odeur de fleur d'orange ; ils sont d'un blanc jaunâtre, et l'étendart porte de plus, près de sa base, une tache jaune légèrement striée de brun. Les étamines sont libres, et rarement quelques-uns de leurs filets sont unis entre eux dans une certaine étendue ; les anthères sont d'un blanc rosé, introrses et déhiscentes par deux fentes longitudinales. L'ovaire est velouté, légèrement anguleux ; il renferme jusqu'à douze ovules descendants ; il s'atténue en un style arqué dont le sommet stigmatifère est à peine renflé en massue. La gousse a la taille de celle de nos haricots ; elle est peu épaisse, comprimée, obtuse à la base et brièvement acuminée au sommet. Son épicarpe est brun et glabre à la surface ; son endocarpe parcheminé est d'un vert pâle quand il est sec. A la maturité, les deux valves s'écartent l'une de l'autre de haut en bas ; puis chacune d'elle s'enroule isolément en spirale. Les graines peu nombreuses doivent de cette façon être chassées hors du péricarpe, et nous n'avons pu les examiner.

A ces caractères, on reconnaît dans le *M' pano* un *Baphia* qui ne se rapporte à aucune des espèces décrites dans le *Niger Flora* (320) et qui serait bien plutôt voisin de la première espèce décrite dans ce genre, le *Cam-wood* des Anglais ou *B. nitida* Afzel. (1). Mais même en tenant compte de l'erreur qui a fait représenter, dans l'espèce d'Afzelius, un rameau chargé de feuilles simples comme une feuille composée-pennée, et des stipules pour des stipelles, il est facile de voir que les prétendues folioles y sont sessiles ou à peu près, ce qui n'arrive pas dans l'espèce du Gabon dont l'inflorescence paraît également caractéristique. Pour ces motifs, nous nommerons cette dernière *B. lauri-*

(1) In Lodd., *Bot. cabin.*, IV, t. 367.

folia; elle paraît commune au Gabon où l'ont récoltée M. Griffon du Bellay (n. 2, 139) et M. Duparquet (n. 26). Il sera intéressant de savoir si l'on pourrait tirer le même parti de son bois que du *Cam-wood*, fourni par une espèce évidemment très-voisine.

Les *Delaria* de Desvaux sont congénères des *Baphia*, comme l'a très-bien établi M. Bentham (*Niger Flora*, 321 ; *Gen.*, 553), et il m'a même paru que le *Baphia hæmatoxylon* Hook. f. (*Podalyria hæmatoxylon* Schum. et Thönn., Beskr., 202. — *Carpolobia versicolor* Don, *Gard. Dict.*, I, 370 ?) était identique au *Delaria pyrifolia* Desvx (Ann. sc. nat., ser. I, IX, 406). Très-voisine de l'espèce précédente, principalement par son fruit, cette espèce s'en distingue très-facilement par son inflorescence, son calice glabre et le pétiole long et grêle de ses feuilles dont le limbe est relativement d'une grande minceur.

Dans une autre espèce dont les fleurs sont construites comme dans les deux précédentes, mais dont le mode d'inflorescence est différent, les rameaux se font remarquer par leur grande ténuité, et tous les organes sont glabres ; il est même probable que les branches très-grêles de cet arbuste observé par M. Duparquet (n. 28), ne peuvent se soutenir et demeurent plus ou moins pendantes. Les feuilles ont un pétiole mince, long d'un centimètre environ, de couleur foncée, et un limbe membraneux ovale-aigu, acuminé. Les fleurs sont géminées à l'aisselle des feuilles et supportées chacune par un pédicelle filiforme, deux fois aussi long que le pétiole. A part ce caractère, la ténuité des rameaux et la longueur du pétiole, cette espèce est celle qui se rapproche le plus du *B. nitida* d'Afzelius. Nous l'avons appelée *B. leptostemma* (1).

Aux espèces précédentes, il faut ajouter celle qu'a recueillie

(1) *B. leptostemma*, ex omni parte glaberrima ; ramulis gracilibus stipularum cicatricibus notatis ; petiolis gracilibus (ramulo subæqualibus) supra canaliculatis in sicco dense fuscatis ; limbo ovato-acuminato, basi rotundato membranaceo glaberrimo integerrimo penninervio (8 cent. longo, 3 $\frac{1}{2}$ cent. lato) ; costa nervisque (in sicco pallidulis virescentibus) subtus prominulis ; floribus in axillis foliorum geminatis ; pedicello (1, 2 cent. longo) filiformi glaberrimo nutanti ; calyce sacciformi glaberrimo membranaceo longitudine fisso ; petalis inter se æqualibus apice rotundatis.

Heudelot, en 1837, dans la Sénégambie, dans les lieux secs et pierreux du Rio-Pongos, et qui porte dans ses collections le n. 898. C'est peut-être l'espèce de *Bracteolaria* à laquelle M. Bentham fait allusion, dans le *Niger Flora* (322). C'est, suivant Heudelot, un arbuste élevé de 4 à 5 mètres, et dont les rameaux, grêles et pendants, se couvrent en mai de fleurs blanches et inodores. Ces rameaux se font tout d'abord remarquer par le duvet fin et serré, de couleur fauve-doré, dont ils sont entièrement couverts dans leur jeune âge, ainsi que les pétioles et les nervures proéminentes à la face inférieure du limbe, les axes de l'inflorescence et les pédicelles floraux. Le limbe des feuilles a à peu près la même forme oblongue ou ovale-acuminée qu'on observe dans les espèces précédentes. Sa base est arrondie, ses bords sont entiers ; et sa lame membraneuse, penninerve, veinée, est à peu près glabre partout ailleurs que sur les nervures. Le pétiole, aussi épais que le rameau qui le porte, atteint jusqu'au tiers de la longueur du limbe. Les stipules qui persistent un peu plus longtemps que dans les autres espèces, sont assez longues, subulées et recouvertes aussi de duvet fauve. Mais l'inflorescence est surtout remarquable, rappelant par sa conformation celle du *Baphia* (*Bracteolaria*) *polygalacea*. Elle consiste en grappes ramifiées, situées à l'aisselle des feuilles, qu'elles peuvent égaler et même surpasser en longueur. Plus souvent encore ces inflorescences portent de jeunes feuilles ; ou plutôt, un rameau de l'année, qui est chargé de feuilles assez développées dans sa portion supérieure, n'a vers sa base que des appendices moins développés à l'aisselle desquels se trouvent situées les grappes de fleurs. Chaque pédicelle occupe l'aisselle d'une courte bractée chargée de duvet, et porte immédiatement sous la fleur inclinée, deux bractéoles latérales concaves, bien plus grandes que dans toutes les espèces précédentes et renflées à leur base en un bourrelet glanduleux. Le calice membraneux s'ouvre par deux fentes longitudinales. Les pétales sont à peu près égaux entre eux. Les étamines sont, ou libres, ou légèrement unies par la base de leurs filets. L'ovaire chargé de poils raides et longs ne renferme qu'un très-petit nombre d'ovules; il est surmonté d'un style glabre à tête stigmatique globuleuse. Nous appellerons cette espèce *Baphia Heudelotiana* (1).

M. Duparquet (n. 29) a encore trouvé au Gabon un autre *Baphia* qui se distingue immédiatement par les longs poils mous et fauves dont sont chargés ses rameaux et ses pétioles, et qui atteignent jusqu'à un tiers ou un quart de centimètre de longueur; nous l'appelons *B. pilosa* (2). Ses feuilles ont un long pétiole assez épais et un limbe elliptique-lancéolé qui n'a pas moins de 14 centimètres de long sur 7 de large. Il a, dans le jeune âge, les nervures poilues, mais il devient presque glabre à l'âge adulte, surtout à sa face supérieure où proéminent à peine les nervures, fort saillantes inférieurement. Ici les stipules paraissent persis-

(1) *B. Heudelotiana*. Frutex (4-5-metralis), ramis adultis glabris, novellis petiolis costa nervisque et stipulis inflorescentiæque ramulis et pedicellis indumento brevi denso in sicco rufescenti subaureo obsitis. Folia oblonga v. ovato-acuta (ad 10 cent. longa, 4 cent. lata) basi rotundata ad apicem angustata v. sæpius acuminata; summo apice acuto obtusiusculove; integerrima membranacea nisi ad costam nervosque glabra; petiolis ramulo subæqualibus cylindricis (1, 2 cent. longis); stipulis ($\frac{1}{2}$-1 cent. longis) subulato-acutis. Flores aut in imis anni ramulis axillares racemosi; aut in axillis foliorum præcedentis anni composito-racemosis, racemis et nonnunquam foliiferis; pedicellis gracilibus ($\frac{1}{2}$-1 cent. longis), in axilla bracteæ reniformis solitariis; bracteolis 2 sub flore concavis pro genere majusculis, basi glanduloso-incrassatis. Calyx membranaceus valvatus longitudine mox 2-partitus. Stamina aut omnino libera aut basi filamentorum nonnihil connata. Ovarium dense setosum pauci(2, 4)ovulatum; stylo glabro apice capitato globoso stigmatoso; alabastris in summo pedicello ante anthesin inflexis.

(2) *Baphia pilosa*, fruticosa(?), ramis teretibus demum glabratis, cortice nigrescenti, novellis pilis rectis fulvis, uti petioli, racemi et foliorum juniorum nervi, indutis. Folia sat longe (ad 3 cent.) petiolata; limbo in petioli apicem angulato elliptico-lanceolato, basi rotundato, apice acuto v. breviter acuminato integerrimo ciliato membranaceo demum subcoriaceo supraque glabro, penninervio; nervis primariis haud procul a margine inter se osculatis; reticulato venoso. Racemi axillares folio multo breviores sæpius petiolo paulo longiores; floribus paucis in axilla bractearum singularum solitariis pedicellatis; laminis 2 lateralibus (stipulis, ut videtur, bractearum); bracteolis sub alabastro geminis calyci æqualibus v. paulo brevioribus oblongo-arcuatis pilis rigidiusculis sparsis; calyce membranaceo longitudine unilateraliter fisso; vexillo petalis reliquis paulo longiori; staminum liberorum filamentis subulatis; antheris oblongis; ovario dense setoso; stylo apice vix incrassato capitato stigmatoso.

tantes, car à l'époque de l'anthèse on les aperçoit encore sous forme de languettes ovales-aiguës, longues d'un demi-centimètre. Mais c'est avant tout par ses fleurs et ses inflorescences que cette espèce se caractérise facilement. Les fleurs sont en courtes grappes, simples et pauciflores, à l'aisselle des feuilles dont elles sont loin d'atteindre la hauteur. Chacune d'elles est accompagnée à sa base, non-seulement d'une bractée, dont elle occupe l'aisselle, mais encore de deux lames latérales, plus longues et plus larges que cette bractée dont elles représentent probablement les stipules. On les prendrait toutefois pour des bractéoles latérales stériles, si celles-ci n'occupaient immédiatement dans la fleur leur position accoutumée dans ce genre. Mais tandis que, dans toutes les autres espèces, elles forment à peine une petite collerette peu visible, elles deviennent ici aussi longues, ou à peu près, que le calice, et se détachent sous forme de deux folioles oblongues, arquées, couvertes de poils roides et clair-semés. Le bouton se dégageant de l'intervalle de ces bractées, s'incline aussi à angle aigu sur le sommet de son pédicelle. Le calice membraneux se fend d'un seul côté dans sa largeur; l'étendard est un peu plus long que les autres pétales; les dix étamines ont des filets libres et des anthères oblongues; l'ovaire, chargé de poils roides et dressés, contient une demi-douzaine d'ovules descendants, et le style se termine par une tête stigmatifère peu renflée.

Il y a quelques Dalbergiées au Gabon, et l'on pouvait s'attendre à y rencontrer l'*Ecastaphyllum Brownei* Pers. (ap. D. C., *Prodr.*, II, 420), qui est si commun sur presque toute la côte orientale de l'Afrique tropicale et qu'on a observé à l'île du Prince, à Nupe (Barter, n. 24, 1828, 2025; Mann, n. 262), aux environs même de Saint-Louis (Heudelot, n. 510), sur les bords salés de la Casamance (Perrottet), au Rio-Nunez et au Rio-Pongos (Heudelot, n. 97, 510, 623), à Oware (P.-Beauvois). C'est ici, comme partout ailleurs, un arbuste plus ou moins sarmenteux, dont les rameaux s'enroulent quelquefois en vrille autour des objets voisins et qui paraît rechercher le voisinage des eaux saumâtres des bords de la mer (Duparquet,

n. 35). C'est en même temps une plante très-polymorphe, et l'on remarque de grandes variations dans l'épaisseur du péricarpe subéreux de ses gousses ; si bien qu'il y a lieu de se demander s'il est bien nécessaire de conserver le genre *Ecastaphyllum*, et s'il ne serait pas plus simple d'en faire, dans le genre *Dalbergia*, le type d'une petite section, uniquement caractérisée par l'épaisseur de son péricarpe.

M. Duparquet (n. 30) a aussi recueilli sur le bord des eaux le *Drepanocarpus lunatus* G. F. W. Mey. (*Prim. fl. essequib.*, 238), qui était un *Pterocarpus* pour Linné fils (*Suppl.*, 317) et pour Gærtner (*Fruct.*, II, t. 256). On sait qu'il se rencontre en Guinée, d'après Schumacher et Thönning (*Beskr.*, 105) qui l'ont appelé *Sommerfeldtia ovata*. Vogel l'a observé au Grand-Bassan et à Nun-River, d'après le *Niger Flora* (315). Il croît aussi au Congo, où Chr. Smith l'a récolté; dans les bois humides des bords de la Casamance, à Albreda, sur les rives de la Gambie (Leprieur), à Lagos (Barter, n. 2147), à Oware (P.-Beauvois), et probablement sur toute la côte occidentale de l'Afrique tropicale. Heudelot (n. 339) nous apprend que c'est un « arbuste buissonnant, diffus, haut de 5 à 6 mètres, chargé en mars et avril de fleurs rose-violacé, et qui croît en abondance sur les bords des cours d'eaux, où par ses aiguillons il offre quelquefois un obstacle insurmontable à l'abordage des embarcations. » Ces aiguillons sont constitués par les stipules arquées et durcies ; sous la fleur on remarque deux bractéoles assez grandes appliquées exactement contre la base du calice. Les étamines sont monadelphes, et le tube qu'elles forment est fendu dans toute sa longueur, près de la ligne médiane de son côté dorsal. L'ovaire renferme un ou deux ovules descendants, et le fruit est bien connu par sa forme campylotrope. On sait d'ailleurs que cette plante a été considérée comme originaire de l'Amérique tropicale, et qu'elle se rencontre sur ses côtes, à l'est comme à l'ouest, à la Guyane, aux Antilles et au Mexique.

Nous ne connaissons pas jusqu'ici un *Dalbergia* proprement dit provenant du Gabon. C'est seulement dans les collections de 1837 d'Heudelot, que nous trouvons le *D. pubescens* Hook F. (*Niger Flora*, 315), qui est, d'après les notes d'Heudelot (n. 895), un arbuste sous-sarmenteux, haut de 3 à 4 mètres, peu rameux, couvert en mai de fleurs blanches et inodores. Il croît sur les monticules les plus voisins des bords du Rio-Pongos, et il est très-remarquable par la couleur de rouille que présentent, sur les échantillons secs, ses inflorescences axillaires et terminales serrées, plus courtes que les feuilles qui ont de neuf à quinze folioles oblongues, obovales, obtuses au sommet. Heudelot a trouvé encore en Sénégambie le *D. melanoxylon* Guill. et Perr. (*Fl. Seneg. Tent.*, 227, t. LXIII), et (n. 717) le *D. saxatilis* Hook F. (*Niger Flora*, 314), qui présente, sur les bords du Rio-Nunez, où il croît dans les lieux pierreux, l'apparence d'un arbuste sarmenteux, chargé de fleurs rouges en janvier.

Le genre *Andira* n'était représenté jusqu'ici, dans l'Afrique tropicale, que par l'*A. grandiflora* du *Floræ Senegambiæ Tentamen* (254), que M. Bentham (*Syn. Dalb.*, 122) a rapporté à l'*A. inermis* H. B. K. (*Nov. gen. et spec.*, VI, 385). Récoltée d'abord à Albreda, par M. Perrottet, puis à Galam, par MM. Leprieur et Heudelot, cette espèce a été retrouvée par ce dernier (n. 54), en 1835, dans les forêts élevées, à l'ouest du village de Kombo, et constitue en cet endroit une forme remarquable par l'étroitesse de ses feuilles lancéolées, qui sont quatre fois plus longues que larges, très-lisses et luisantes au-dessus, ternes et blanchâtres en dessous, avec la côte très-proéminente, et le sommet plus ou moins longuement acuminé. Nous rapporterons encore au genre *Andira*, mais avec doute, sous le nom d'*A.? gabonica* (1), la plante qui porte dans l'herbier de

(1) *Andira? gabonica.* Folia ex omni parte glaberrima (25 cent. longa); costa gracili; foliolis 11 petiolulatis suboppositis alternisve: petiolulo brevi (4, 5 mill.) basi ruguloso; stipellis filiformi-subulatis petiolo dimidio brevioribus; limbo ovato-acuto (7 cent. longo, 4 cent. lato), basi rotundato, apice sæpius breviter acuminato integerrimo subcoriaceo penninervio; costa nervisque remote alternis, subtus valde prominulis; supra lucido lævi, subtus opaco. Flores in summis ramulis composite racemosi; racemulis in axilla bractearum alternarum caducarum

M. Duparquet le n° 32. C'est un arbuste à feuilles composées-pennées dont les folioles sont au nombre de onze, à peu près opposées ou alternes, ovales-aiguës, très-glabres, coriaces, à pétiolules courts, accompagnés à leur base de fines stipelles subulées, égales à la moitié de leur longueur. Les fleurs sont disposées sur de petites grappes courtes, alternativement échelonnées sur le sommet d'un rameau dont toute la surface est chargée d'un duvet velouté épais, de couleur brunâtre. Les fleurs ont un calice d'un pourpre foncé et une corolle blanche. Le premier est presque entier, ou à cinq dents peu prononcées; la seconde a un étendart un peu plus court que les autres pétales. Les étamines sont d'abord unis en un tube fendu, sauf l'étamine vexillaire qui est libre jusqu'à la base. Puis les autres filets deviennent indépendants les uns des autres près du sommet, et sont, dans cette position, alternativement plus longs et plus courts. L'ovaire presque sessile est couvert d'un duvet brunâtre, et se termine par un style subulé et arqué ; il renferme deux ou trois ovules, l'inférieur étant souvent fort petit.

M. Bentham a dernièrement réuni aux Dalbergiées le genre *Lonchocarpus,* qui est représenté au Gabon et dans les contrées voisines, par un assez grand nombre d'espèces intéressantes. Au premier rang figure l'*Osani* des Gabonais, qui est le *Lonchocarpus formosianus* D. C. (*Prodr.*, II, 260, n. 7), que M. Bentham (*Syn. Dalberg.*, 88) considère comme la même plante que les *L. macrophyllus* H. B. K. (*Nov. gen. et spec.*, VI, 383) et *domingensis* D. C. (*loc. cit.*, n. 3), et qu'il rapporte comme variété *glabrescens* au *L. sericeus* H. B. K. (*l. cit.*, VI, 383, not.) qui est encore le *L. pyxidarius* D. C. et le *L. tomentosus* Tul. (*Arch. Mus.*, IV, 82). C'est l'ancien *Robinia sericea* de Poiret, et, suivant les auteurs du *Floræ*

paucifloris brevibus (ad 4 cent.); ramis pedicellisque brevibus et calyce (purpurascenti) dense villosulis ; calyce sacciformi aut recte truncato aut breviter 5-dentato (6 mill. alto); corolla (alba) calyce 3-plo longiori ; vexillo obtuso demum reflexo petalis reliquis paulo breviori ; stamine vexillari omnino libero ; ovario breviter stipitato villoso pauci(2, 3)ovulato ; stylo subulato arcuato. In Gabonia, anno 1864, legit *cl. Duparquet* (exs., n. 32). Ab. *A. inermi* longe diversa.

Senegambiœ Tentamen (225), le *R. violacea* de la *Flore d'Oware et de Benin* (II, 28, t. 76). Au Gabon, où cette espèce est commune partout, d'après M. Griffon du Bellay (n. 16) et M. Duparquet (n. 2), elle forme un arbre très-rameux, de 5 à 6 mètres de hauteur, qui se couvre, à partir de septembre et pendant presque toute la saison pluvieuse, de magnifiques grappes de fleurs d'un violet-lilas; elles rappellent, non-seulement par leur couleur, mais aussi par leur parfum très-doux, le *Syringa vulgaris*. Les indigènes en administrent l'écorce aux enfants, dans les maladies du ventre; elle agit sans doute par le tannin qu'elle contient. M. Leprieur a trouvé cette plante au Cap-Vert, près de Dakas, en 1827 et 1829. D'après le *Niger Flora* (316), c'est elle que Thönning (*Beskr.*, 352) a observée en Guinée et appelée *Robinia argentiflora;* Vogel l'a rencontrée depuis le Quorra jusqu'au Grand-Bassan ; Don à Saint-Thomas. Heudelot l'a récoltée en 1835 (n. 97), dans le pays de Kombo, sur les bords de la Gambie, près du village d'Esséaw. Là elle forme, d'après lui, des arbustes de douze à quinze pieds de haut, à rameaux pendants ; et ses fleurs rosées, mêlées de blanc, paraissent au mois de juin. Outre cette espèce qui est la seule rapportée jusqu'ici du Gabon, les collections d'Heudelot renferment encore quatre espèces décrites par M. Bentham ou par les auteurs du *Floræ Senegambiæ Tentamen*, savoir, les *L. fasciculatus* (1), *laxiflorus* (2), *cyanescens* (3), *brachy-*

(1) *L.? fasciculatus* BENTH., *Syn. Dalberg.*, 100, n. 45. « Plante sarmenteuse, s'élevant au sommet des arbres de plus de cinquante pieds. Fleurs très-odorantes en décembre, janvier. Habite les forêts du Fouta-Dhiallon. » (HEUDELOT (1837), n. 693.)

(2) *L. laxiflorus* GUILL. et PERR., *Tent. fl. Seneg.*, I, 226. « Arbuste élevé de 6 à 7 mètres. Rameaux ouverts, diffus. Fleurs violettes odorantes, en décembre-février. Croît dans les montagnes de Bondou et du Woulli. » (HEUDELOT (1836), n. 152.)

(3) *L. cyanescens* BENTH., *Syn. Dalberg.*, 96, n. 31. «Tige sarmenteuse s'élevant à 10-12 mètres. Fleurs violettes, en mars, avril. Les habitants obtiennent, par la macération des feuilles, une fécule colorante, tout à fait semblable à celle de l'indigo ; elle teint d'un bleu noir. Croît sur les bords du Rio-Nunez. » (HEUDELOT (1837), n. 825.)

pterus (1), et une cinquième que nous avions appelée autrefois *L. Heudelotianus*, et qui nous paraît constituer probablement une simple forme du *L. Barteri* BENTH. (2), à feuilles plus petites et plus courtes, à rachis et à pétiolules plus grêles et à inflorescences plus ou moins rameuses.

Il y a beaucoup de plantes dans les herbiers qui, faute de fruits, ne peuvent être rapportées sans hésitation aux *Millettia* plutôt qu'aux *Lonchocarpus*. Ces derniers ont une gousse indéhiscente, et celle des *Millettia* s'ouvre le plus souvent. Il y a cependant des espèces de ce dernier genre dont on peut dire, avec M. Bentham (*Gen.*, 498, n. 104) : « *Legumen tarde val ægre dehiscens.* » On comprend dès lors combien une classification des Légumineuses, fondée sur la structure du fruit, doit, si commode qu'elle puisse être, méconnaître de rapports naturels, obligée qu'elle est de placer les *Lonchocarpus*, à légume indéhiscent, parmi les Dalbergiées, tandis qu'elle doit laisser les *Millettia* auprès des *Robinia* et des *Wistaria*. Parmi ces *Millettia* douteux, nous signalerons d'abord la plante magnifique que nous appellons *M. Griffoniana* (3), espèce

(1) *L. brachypterus* BENTH., *Syn. Dalberg.*, 100, n. 46. « Liane s'élevant au sommet des plus hauts arbres. Fleurs blanc-rosé, odorantes. Croît au bord des eaux vives du Fonta-Dhiallon. » (HEUDELOT (1837), n. 828.)

(2) *L. Barteri* BENTH., *Syn. Dalberg.*, 99, n. 39. La plante récoltée par Heudelot, en 1837 (n. 803), dans les lieux inondés, sur les bords du Rio-Nunez, est un arbuste armenteux, s'élevant à 15 ou 20 pieds et couvert de fleurs roses en avril. Les folioles n'atteignent que 8 centimètres de longueur ; elles sont elliptiques ou obovales, assez longuement acuminées et obtuses à l'extrême sommet. Toute leur surface est totalement glabre. Leur rachis et leurs pétiolules n'ont qu'un millimètre d'épaisseur.

(3) *Millettia? Griffoniana*, arborescens (fid. cl. *Griffon du Bellay*), ramis teretibus glabris ; cortice fuscato tenuissime punctulato ruguloso ; foliis remote alternis imparipinnatis ; petiolo ni ad basin incrassatam gracili glabro, supra sulcato, in costam conformem abeunte ; foliolis oppositis remote 2-4-jugis brevissime (3, 4 mill.) petiolulatis ovatis lanceolatisve (5-10 cent. longis, 3 cent. latis), basi rotundatis v. sæpius paulo angustatis ; apice plerumque acuminato ; integerrimis membranaceis glaberrimis, supra dense viridibus, subtus pallidioribus, penninerviis ; costa nervisque primariis vix obliquis tenuibus, subtus leviter prominulis ; racemis in axilla foliorum sæpe delapsorum solitariis simplicibus gracilibus (20-30 cent. longis) nutantibus, basi bracteis gemmæ lanceolatis imbricatis persistentibus munitis ; floribus crebris breviter (5 mill.) pedicellatis ; calyce membranaceo glaber-

à folioles ovales-acuminées ou oblongues, minces et glabres et à longues grappes simples et axillaires, chargées de fleurs à corolle lilas. C'est, suivant M. Griffon du Bellay, un arbre rare au Gabon, mais il paraît se rencontrer plus fréquemment dans d'autres portions de l'Afrique occidentale et tropicale. Nous mentionnerons avec plus d'hésitation encore une espèce qui se rapproche beaucoup des *Lonchocarpus* et qu'Heudelot a désignée dans son herbier (n. 815), sous le nom de *Robinia*. Ce *M.? rhodantha* (1) (nom qu'il doit à ses fleurs roses, odorantes), est un arbre haut de 10 à 12 mètres, qui croît sur les bords du Rio-Nunez, et dont les rameaux pendants sont couverts, dans leur jeune âge, ainsi que les rachis, les pétioles des feuilles, leur nervure principale, et l'axe des grappes, d'un duvet fauve, fin et serré. Ses feuilles imparipennées ont cinq ou six paires de folioles opposées, à pétiolule court et à limbe membraneux, lancéolé, acuminé, souvent atténué et comme spathulé à sa base, d'un vert blanchâtre à l'état sec ; et l'on y voit, en face de chaque pétiolule, une stipelle subulée, presque aussi longue que lui et chargée de duvet roussâtre. Comme dans l'espèce précédente, les grappes sont simples, axillaires,

rimo obsolete 5-dentato; corollæ (lilacinæ) vexillo quam petalis reliquis paulo longiore; staminibus 9 in tubum gracilem connatis; decima a basi ad apicem libera; ovario pauci(2-4)ovulato. — In Gabonia legit cl. *Griffon du Bellay* (exs. n. 203, in herb. Mus. colon. gall. et Mus. par. Stirpem eamdem a cl. navarcho Grey, anno 1860, in Africa occidentali lectam et a Mus. Kewensi communicatam nuperrime vidimus.)

(1) *Milletia? rhodantha*, arborea (10-12 metralis), ramis teretibus pube tenui fulvescenti, uti petioli, petioluli, stipellæ, foliorum costa et racemi, dense obsiti; ramulis nutantibus; foliis (ad 20 cent. longis) sæpius 5-6-jugis imparipinnatis; foliolis oppositis, petiolulis brevibus (2, 3 mill.) stipellisque subulatis petiolulo vix brevioribus munitis; limbo lanceolato vel ad basim longe angustato subspathulato (ad 6 cent. longo, 2 cent. lato) ad apicem obtusato v. sæpius acuto acuminatove integerrimo membranaceo nisi ad costam nervosque glaberrimo (in sicco pallide viridescente glaucescente). Flores racemosi (rosei odoratique, fide *Heudelot*); racemis simplicibus axillaribus folio paulo brevioribus (12 cent.) nutantibus; pedicellis brevibus gracilissimis; calyce cupulæformi membranaceo gamophyllo inæquali-4-dentato brevissime villosulo; vexillo apice rotundato petalis reliquis breviori; staminibus 9 in tubum gracilem connatis, decimo libero; ovario tomentoso obsolete 4-costato. In Senegambia ad ripas Rio-Nunez, anno 1837, martio aprilique florentem legit *Heudelot* (exs., n. 815, in herb. Mus. par.).

grêles et à peu près de la longueur des feuilles ; de même aussi plusieurs bractées persistantes entourent la base de la grappe, et les deux plus extérieures de ces bractées paraissent représenter les stipules épaissies de la feuille axillante.

MM. Duparquet (n. 40) et Griffon du Bellay (n. 269) ont aussi retrouvé au Gabon, sur les bords de la mer, l'*Ormocarpum verrucosum* Pal.-Beauv. (*Fl. owar.*, I, 96, t. LVIII), plante que Vogel (*Niger Flora*, 302) a observée au Grand-Bassan, dans les marécages et dans les sables du bord de la mer. Heudelot (1837) l'a signalée dans les lieux inondés des bords du Rio-Nunez, où elle fleurit en décembre, et constitue un arbuste « à fleurs roses, à tiges en baguettes, élevées de 2 mètres environ. » Elle se retrouve encore dans les collections de M. Mann (n. 457), provenant de l'embouchure du Niger.

Parmi les Hédysarées gabonienne, mentionnons encore : l'*Uraria picta* Desvx (*Journ. bot.*, III, 122) ou *Hedysarum pictum* Jacq. (*Ic. rar.*, III, t. 367), qui est rare à Tougouchiaro, suivant M. Griffon du Bellay (n. 340), et à Bondou, dans la Sénégambie, d'après Heudelot (n. 140) ; plus, deux véritables *Desmodium* qui sont : 1° le *D. latifolium* D. C. (Duparquet, n. 38), synonyme du *D. lasiocarpum* D. C. (*Prodr.*, II, 328, n. 24. — *Hedysarum deltoïdeum* Schum. et Thönn. — *H. lasiocarpum* Pal.-Beauv., *Fl. owar.*, I, 32, t. 18. — *H. latifolium* Roxb.); 2° deux des nombreuses formes du *D. adscendens* L. (Duparquet, n. 39, 45); l'*Æschynomene diffusa* Schum. (Duparquet, n. 43) ; enfin une espèce du genre *Stylosanthes*, le *S. guineensis* Sch. et Th. (*Beskr.*, II, 131), qui existe en Guinée, au Grand-Bassan (*Niger Flora*, 301), à Saint-Louis du Sénégal et sur la Gambie (*Fl. Sen. Tent.*, 205); il a été observé aussi à Denys, dans le Gabon, par MM. Duparquet (n. 41) et Griffon du Bellay (n. 181). Il paraît difficile de distinguer spécifiquement cette plante du *S. erecta* de Palisot de Beauvois (*Fl. owar. et ben.*, II, 28, t. 77), qui n'en est qu'une forme pour les auteurs du *Niger Flora*. Heudelot a signalé la plante à tiges couchées et à rameaux blanchâtres, dans le pays de

Kombo (n. 2, 45), où elle croît sur les revers des dunes de sable, au cap Sainte-Marie; et la forme à tiges dressées, dans le pays de Cayor (n. 406), où elle est très-abondante pendant la saison des pluies. Dans l'une et dans l'autre la corolle est de couleur jaune.

Le *N'tona* (Griffon du Bellay, n. 197), légumineuse sarmenteuse, rare au Gabon, est un *Mucuna* qu'en l'absence de feuilles et de fruits nous ne pouvons rapporter qu'avec doute au *M. flagellipes* Vog. (*Niger Flora*, 307), trouvé autrefois en abondance par Vogel, sur les bords du Niger. Les notes de M. Griffon du Bellay nous apprennent que toutes les Légumineuses qui se rapprochent plus ou moins des haricots portent au Gabon le nom de *Ossangué* et que les habitants en mangent deux espèces, dont l'une s'appelle *Ossangué–Ozégué*, c'est-à-dire : haricot du bord de la mer, et dont les fleurs sont violettes; nous n'en avons point vu d'échantillons; ce sont peut-être des *Dolichos*. Le *D. Lablab* L. (*Lablab vulgaris* Savi) est très-répandu dans le pays (Griffon du Bellay, n. 184, 266.)

L'*Igongo* des habitants du Gabon est le *Tephrosia Vogelii* Hook. f. (*Niger Flora*, 296). Vogel qui l'avait trouvé à Fernando-Po et sur le Quorra, avait fait connaître que les nègres cultivaient cette plante et l'employaient à empoisonner le poisson. M. Griffon du Bellay (n. 251) l'a retrouvée à Denys, sur la côte gabonaise. Il n'est pas moins curieux d'apprendre qu'elle fait partie des collections rapportées de Zanzibar par Boivin (1847). Nous ne savons si, dans l'Afrique orientale, cette magnifique plante sert à la pêche; mais les Gabonais l'emploient à cet usage, comme nous l'apprend M. Griffon du Bellay, dans son remarquable travail sur le Gabon, publié en 1865, dans le *Tour du monde* (284). Ils se servent, nous apprend-il, de « l'*Igongo* que l'on cultive sur les habitations et qui aura sans doute suivi les migrations des tribus venues de l'intérieur. Rien de plus facile que cette pêche. Je l'ai fait pratiquer un jour devant moi, dans une large nappe d'eau laissée au milieu des rochers de la plage par le retrait de la mer. Quelques poignées de feuilles y furent malaxées ; tout le menu fretin qui s'y trouvait monta immédiatement à la surface et mourut ; un moment après, une sorte de lamproie vint aussi bâiller au grand air et se laissa prendre avec la plus grande facilité. C'était tout ce que contenait le bassin, et malgré ce rapide empoisonnement, le poisson était excellent. » M. Duparquet (n. 44) a récolté le *Sesbania punctata* D. C. (*Prodr.*, II, 265).

Le genre *Eriosema* est représenté au Gabon par une espèce très-commune, qui doit prendre le nom d'*E. rufum*, attendu qu'elle est spécifiquement identique avec le *Glycine rufa* Schum. et Th. (*Beskriv.*, 118), comme l'ont avancé avec doute Guillemin et Perrottet (*Fl. Seneg. Tent.*, 216), à propos de la description de leur *Rhynchosia glomerata*. En comparant l'échantillon type du *Glycine rufa*, envoyé à A. L. de Jussieu par Vahl et récolté en Guinée par Thönning, nous avons vu qu'il ne présente absolument aucune différence avec certaines formes de l'espèce recueillie au Gabon, et qui est d'ailleurs une plante extrêmement polymorphe, ayant les tiges et les rameaux plus ou moins ligneux, plus ou moins velus, les feuilles tantôt très-aiguës, tantôt plus obtuses, presque glabres et verdâtres à la face inférieure, ou au contraire blanchâtres, avec des nervures très-saillantes chargées de duvet roussâtre. Le duvet qui recouvre les gousses est aussi très-variable comme taille et comme nuance. Ici les rameaux sont assez rigides (Griffon du Bellay, n. 157), avec les feuilles plus écartées les unes des autres ; là (id., n. 250) celles-ci sont plus petites, rapprochées vers le haut des rameaux, plus ou moins obtuses. Ailleurs (Duparquet, n. 38) elles sont discolores, avec des stipules plus grandes encore que dans les échantillons de Barter qui ont servi, dans le *Niger Flora* (313), de type à l'*E. glomeratum* Hook. f.

Aucun des *Eriosema* à inflorescences plus longues que les feuilles ne s'est observé jusqu'ici au Gabon ; mais on voit dans les collections (1837) d'Heudelot (n. 758), une autre espèce à inflorescences courtes, que l'*E. rufum*, et que nous appelons *E. elon-*

gatum (1), parce que ses feuilles supérieures sont très-écartées les unes des autres, par suite d'une élongation des rameaux grêles, presque sarmenteux, un peu anguleux, couverts d'un duvet serré et un peu rude, d'un fauve ferrugineux; si bien que les entre-nœuds atteignent jusqu'à un décimètre de longueur. Les feuilles sont trifoliolées, avec des folioles à court pétiolule ferrugineux, elliptiques-oblongues, obtuses aux deux extrémités et trinerves à la base, avec un duvet roux sur les nervures, qui se détache sur le fond glaucescent de la face inférieure. Les inflorescences atteignent rarement la hauteur du lobe moyen des feuilles, et, supportées par un pédoncule axillaire grêle et hérissé de poils fins et ferrugineux, elles consistent en une courte tête globuleuse ou légèrement ovoïde, formée d'une dizaine de fleurs à pédicelle très-court. C'est dans les lieux secs et arides du Fouta-Dhiallon qu'Heudelot a trouvé cette espèce couverte de fleurs en janvier.

L'*Abrus precatorius* L. se trouve communément au Gabon. Les habitants connaissent bien la saveur sucrée des feuilles et des rameaux de cette *Liane à réglisse* ou *Œil de serpent* des Européens (Duparquet, n. 34). La plante est vulgairement appelée *Adépou* (Griffon du Bellay, n. 162, 211, 337), et la graine *Adzome-Kené* ou *Atchoum-Kené*. Les chanteurs du pays se servent des feuilles qu'ils mâchent «pour s'adoucir le gosier». Ces feuilles ont un usage bien plus singulier. D'après M. Griffon du Bellay, «les amoureux les font infuser dans l'alcool et offrent cette boisson à leurs futurs beaux-pères, pour les décider à leur donner leur fille en mariage» ; c'est une sorte de philtre préconisé par les féticheurs.

L'une des plus intéressantes Papilionacées du Gabon est le

(1) *Eriosema elongatum.* Perennis (fid. *Heudelot* ; ramis gracilibus fulvo-ferrugineis hirtello-tomentosis ; internodiis ad. 1 decim. elongatis ; summis ramulis gracilibus subsarmentosis pilis densioribus obsitis. Foliola inter se inæqualia (centrali ad 6 cent. longo, 2 cent. lat., lateralibus basi subinæqualibus, ad 3, 4 cent. longis, 1 cent. lat.); petiolulo brevi ferrugineo; costa nervisque subtus prominulis ferrugineis ; stipulis inter se liberis lanceolatis (ad $\frac{1}{2}$ cent. longis). Racemi (ad 1 cent. longi) pauciflori ; floribus (ad 10) breviter pedicellatis ; basi nudati ; pedunculo gracili hirtello ferrugineo (2 cent. longo). Crescit in Senegambiæ siccis aridisque, ad Fouta-Dhiallon, ubi collegit *Heudelot* (exs., n. 758. in herb. Mus. par.).

Dioclea reflexa HOOK. F. (*Niger Flora*, 306), espèce du groupe *Pachylobium*, qui se retrouve dans l'Inde (Wallich, cat., n. 5562), à Manille (Cuming, n. 521), et que Vogel a récoltée à Fernando-Po et sur le Quorra. Elle se trouve dans l'herbier d'Oware de Palisot de Beauvois, qui lui a donné le nom de *Trichodoum;* dans celui de M. Mann (n. 953), provenant de la Rivière du Gabon, et dans la collection de M. Griffon du Bellay (n. 122). C'est l'*Ogaioka* des Gabonais, et ceux-ci connaissent l'analogie de la graine de cette plante, avec celle de la Fève de Calabar qu'il appellent *N'taun'da.* L'une et l'autre sont remarquables par la longueur de leur hile linéaire et arqué. Les fleurs sont de couleur violette, comme celles du *D. violacea*, du Brésil, auquel le *D. reflexa* ressemble tant. La plante est souvent grimpante; parfois encore elle forme un arbuste qui se soutient seul. M. Griffon du Bellay a remarqué que les fleurs ont cinq de leurs étamines stériles, entre autres l'étamine vexillaire qui est indépendante jusqu'à sa base. Les graines sont au nombre de deux à trois dans la gousse dont la paroi est d'une grande épaisseur et forme pour chaque grain un compartiment à peu près complet.

L'herbier du Gabon renferme quatre espèces vulgaires de *Crotalaria*, qui sont :

1° Le *C. verrucosa* L. (*Spec.*, 1005), espèce indienne qui se retrouve dans l'Afrique orientale, à Maurice, à Bourbon, à Zanzibar; elle est commune au Gabon (Griffon du Bellay, n. 205).

2° Le *C. retusa* L., autre espèce indienne transportée jusqu'aux Antilles. Elle a été probablement introduite aussi au Gabon (Griffon du Bellay, n. 27, 332, Duparquet, n. 33). Boivin l'a rapportée de Mombaza.

3° Le *C. cylindrocarpa*, D. C. (*Prodr.*, II, 133, n. 104), qui croît au Sénégal (*Fl. Sen. Tent.*, 164), et au Gabon, sur le bord des cours d'eau (Duparquet, n. 36).

4° Le *C. pisiformis*, Guill. et Perr., trouvé d'abord dans les marais, dans la presqu'île du Cap-Vert, et croissant au Gabon (Duparquet, n. 37) dans des conditions analogues.

Il ne nous reste à signaler, parmi les Légumineuses du Gabon, qu'une espèce dont la place est encore douteuse, et dont nous n'avons vu que les feuilles. C'est le *Mbono-mbono*, arbre rare aux environs de notre comptoir, et dont on rencontre un pied sur le chemin de Pyrat. D'après M. Griffon du Bellay (n. 149), sa hauteur est d'une vingtaine de mètres, et il se couvre en juin de grandes fleurs blanches auxquelles succèdent des gousses d'environ 30 centimètres de long, brunes et glabres, ressemblant à une large semelle de soulier. Cet arbre remarquable se rapporte ou au genre *Vouapa*, ou plus probablement encore au *Berlinia*; nous le signalons à l'attention de ceux de nos compatriotes qui visitent le Gabon ; ils y trouveront sans doute un grand nombre d'autres plantes intéressantes appartenant à la même famille.

EXPLICATION DES FIGURES.

Planche II.

Fig. 1. *Griffonia simplicifolia* (*Schotia simplicifolia* Schum. et Thönn.). Rameau chargé de feuilles et d'inflorescences qui sont soulevées et entraînées, de manière à ne se détacher de la branche qu'à une distance variable de leur feuille axillante. (D'après l'échantillon authentique communiqué par Vahl à A. L. de Jussieu).

Fig. 2. *Griffonia physocarpa*. Fleur entière, un peu grossie.

Fig. 3. Coupe longitudinale de la même fleur. On voit que le placenta n'est pas situé du même côté du réceptacle que l'insertion du podogyne.

Fig. 4. Diagramme floral.

Fig. 5. Fruit, avant sa maturité.

Planche III.

Vouapa demonstrans.

Fig. 1. Inflorescence.

Fig. 2. Portion d'une feuille, où l'on n'a laissé qu'une foliole, presque sessile, et à base insymétrique.

Fig. 3. Fleur entière, grossie. Le calice est formé de cinq sépales distincts ; et les pétales, sauf un seul très-développé, ont à peu près la même taille que les sépales.

Fig. 4. Coupe longitudinale de la même fleur. L'insertion du pistil est légèrement excentrique, et se fait un peu plus du côté du grand pétale.

Fig. 5. Diagramme floral. Le grand pétale enveloppe, dans le bouton, non-seulement le reste de la corolle, mais encore les sépales latéraux.

Vouapa macrophylla (*Anthonota macrophylla* Pal.-Beauv.).

Fig. 6. Fleur entière, grossie. Les deux sépales postérieurs sont unis dans une grande étendue ; et les pétales, sauf un seul, sont plus courts que le calice.

Fig. 7. Anthères dont une loge est bien plus petite que l'autre ou à peu près complétement avortée.

Berlinia Heudelotiana.

Fig. 8. Diagramme floral.

Fig. 9. Un des petits pétales.

Berlinia acuminata Sol.

Fig. 10. Fleur entière, de grandeur naturelle.

Fig. 11. Un des petits pétales, dont la forme doit être comparée à celle du pétale analogue du *B. Heudelotiana*, représenté fig. 9.

Planche IV.

Fig. 1. *Duparquetia orchidacea.* Rameau portant des feuilles, des fleurs et de jeunes fruits.

Fig. 2. Fleur, légèrement grossie.

Fig. 3. Coupe longitudinale de la même fleur.

Fig. 4. Diagramme floral.

C'est la même plante que M. Bentham a fait connaître pour la première fois sous le nom d'*Oligostemon*, dans son *Genera plantarum* (570). En comparant les dates de publication, on verra que le nom de *Duparquetia* a pour lui l'antériorité (de même que ceux qui ont été publiés jusqu'à notre feuille 13 exclusivement).

Fig. 5. Fruit, un peu plus petit que nature, du *Tetrapleura Thönningii* Benth. (D'après un échantillon envoyé par MM. Griffon du Bellay et Touchard.)

Planche V.

Baudouinia sollyæformis.

Fig. 1. Port.

Fig. 2. Fleur entière, grossie.

Fig. 3. Diagramme floral.

Fig. 4. Coupe longitudinale de la même fleur.

Fig. 5. Une étamine, isolée et grossie, pour montrer le mode de déhiscence.

Fig. 6. Fruit, avant la complète maturité, coupé suivant sa longueur, pour montrer les fausses cloisons interposées aux graines.

Paris. — Imprimerie de E. Martinet, rue Mignon, 2.

A. Faguet del.

1. Griffonia simplicifolia   2.3. G. physocarpa

A. Faguet del. et sc.

1. 5. Vouapa demonstrans. — 6. 7. V. macrophylla.

8. 9. Berlinia Heudelotiana. — 10. 11. B. acuminata.

J. Faguet del.

Forget sc.

1-4. *Duparquetia orchidacea*   5. *Tetrapleura Thonningii* Benth.

A. Faguet del.

Baudouinia sollyaeformis

www.ingramcontent.com/pod-product-compliance
Ingram Content Group UK Ltd.
Pitfield, Milton Keynes, MK11 3LW, UK
UKHW020950180726
13838UKWH00003B/1239